大飞机出版工程

总主编　顾诵芬

航空电子合格审定：DO-178和DO-254标准实践指南

Avionics Certification: A Complete Guide to DO-178&DO-254

【美】万斯·希尔德曼（Vance Hilderman）
【美】托尼·巴格海（Tony Baghi）著
牟明 田莉蓉 等 译

上海交通大学出版社
SHANGHAI JIAO TONG UNIVERSITY PRESS

内容提要

本书对 DO－178 和 DO－254 标准的核心思想和关键内容进行了深入解读和讨论，为机载软硬件的研制与合格审定提供指导。针对机载软硬件研制与合格审定过程中的常见错误和易忽视的关键点展开详细讨论，对关键概念进行了清晰定义，对常见问题和误解进行了澄清，以帮助读者理解标准并实施应用。本书在介绍软硬件研制内容的同时，还对系统需求、DO－330 和 DO－297 标准的相关要求与软件研制的关系进行了阐述，以便工程技术人员更完整地应用 DO－178 和 DO－254 标准。

图书在版编目(CIP)数据

航空电子合格审定：DO－178 和 DO－254 标准实践指南/
(美) 万斯·希尔德曼(Vance Hilderman)，(美) 托尼·
巴格海(Tony Baghi)著；牟明等译．—上海：上
海交通大学出版社，2021.12
大飞机出版工程
ISBN 978－7－313－25341－5

Ⅰ．①航… Ⅱ．①万… ②托… ③牟… Ⅲ．①航空设
备—电子设备—软件开发—指南 ②航空设备—电子设备—
硬件—指南 Ⅳ．①V243－62

中国版本图书馆 CIP 数据核字(2021)第 173530 号

Third Edition-eBook www.avionics.com

航空电子合格审定：DO－178 和 DO－254 标准实践指南
HANGKONG DIANZI HEGE SHENDING：DO－178 HE DO－254 BIAOZHUN SHIJIAN ZHINAN

著　　者：[美] 万斯·希尔德曼(Vance Hilderman)
　　　　　[美] 托尼·巴格海(Tony Baghi)
译　　者：牟　明　田莉蓉 等
出版发行：上海交通大学出版社
地　　址：上海市番禺路 951 号
邮政编码：200030
电　　话：021－64071208
印　　制：上海万卷印刷股份有限公司
经　　销：全国新华书店
开　　本：710 mm×1000 mm　1/16
印　　张：14.75
字　　数：257 千字
版　　次：2021 年 12 月第 1 版
印　　次：2021 年 12 月第 1 次印刷
书　　号：ISBN 978－7－313－25341－5
定　　价：128.00 元

译 者 序

随着全球航空产业近些年的快速发展，国内越来越多的企业开始从事机载产品的研制。对航空产业而言，安全是头等大事，民用航空器，包括其部件和子系统的整体性能和操作特性，在预期运行环境和使用限制下必须始终符合其型号设计并处于安全可用状态。为此，各国政府和民用航空主管部门均通过法律、法规、规章及标准等形式对民用航空器的设计、生产制造、运营、维修等活动提出了明确的要求，满足这些要求是机载产品研制企业进入航空市场的基本"门槛"。

随着信息化程度的提高，绝大多数机载产品都成为包含电子软硬件的"复杂系统"，其安全性常常无法通过单一的测试手段证明，并且其内在和外在逻辑在没有分析工具支持的情况下往往难以理解。按照现代系统工程理论，复杂系统研制只有遵循严格的系统工程过程，才能保证最终产品符合型号设计并处于安全可用的状态。为此，世界航空业界根据长期的经验，联合制定了指导系统研制的 SAE ARP 4754、指导软件开发的 RTCA DO - 178 标准、指导复杂电子硬件开发的 RTCA DO - 254 标准，以及指导系统安全性分析的 SAE ARP 4761 等一系列标准。这些标准在机载产品研制、合格审定实践中得到广泛的应用，成为"事实上的强制性要求"。我国企业进入机载产品研制领域的时间短，缺乏实践经验，迫切需要对上述标准的解读和理解以提升研制能力。

中航机载系统共性技术有限公司是航空工业机载系统有限公司的下属公司，从事机载系统共性技术研究的专业机构，秉承笃行航空强国使命、助力机载产业发展的理念。面向国内航空企业需求，征得本书英文版作者授权公开发表，公司组织专家翻译了本书，并增加了注释和解读，旨在促进对这些标准的理解，推动形成国内民机企业合作共享的文化氛围，助力我国民机产业的发展。

本书是中航机载系统共性技术有限公司组织编写的民机机载工程研制序列丛书之一。本书系统介绍了DO－178和DO－254标准的基本原理，特别是从工程实践的角度对如何贯彻标准要求作出了详细的讲解，对民机机载软硬件的研制有较大的参考价值，可作为民机机载系统研制工程技术人员的参考资料，也可以作为院校教材使用。

本书主要由牟明、田莉蓉组织翻译、统稿和审定，参加本书译校的有贺莹、李浩、陆敏敏、杨爱民、邢亮和谭伟伟。由于时间仓促以及水平有限，错误之处在所难免，敬请读者批评指正。

作 者 简 介

Vance Hilderman 先生具有超过 35 年的航空航天系统及软件设计和测试工作经验。毕业于冈萨加大学，获得工学学士学位和工商管理硕士学位，后又获得南加州大学计算机工程硕士学位。毕业后就职于休斯公司，开始了他的职业生涯。他在航空航天领域的工作经历涉及 40 多种机型和 150 多个机载系统。1990 年在罗克韦尔·柯林斯航电公司的资助下，Vance Hilderman 先生创立了第一家公司，该公司迅速成为世界上最大的航空电子设备软件服务机构。在为全球 50 家最大、最著名的航空电子设备公司完成数百个项目的同时，他开始了 DO－178 标准的公开培训。Vance Hilderman 先与他的同事一起，针对 DO－178 和 DO－254 标准培训了超过 7 000 名行业专业人员，超过了美国所有其他私人和政府赞助的 DO－178 标准培训架构培训人员的总和；后与他的同事共同创立了 High－Rely 公司（www. afuzion. com），致力于日益增长的航空电子设备和安全关键软件服务和咨询。

Tony Baghai 先生具有超过 30 年的航空航天系统和软件设计、开发和合格审定工作经验，

他拥有机械工程学士学位和航空工程硕士学位，在波音商用飞机公司拥有长期而杰出的职业生涯。在波音公司工作期间，Tony Baghai先生成为有史以来获得FAA系统和A级软件认证的最年轻的委任工程代表。在十四年的委任工程代表工作期间，Tony Baghai先生的足迹几乎遍及全球所有的整机及机载系统公司，成为著名的航空电子设备认证专家。Tony Baghai先生管理着全球最大的航空电子设备服务公司之一的认证部门，与几乎所有主要的航空电子设备制造商密切合作。他是High－Rely公司的联合创始人。

目　录

1 概　述

DO－178 标准由航空电子业界及航空无线电技术委员会(Radio Technical Commission for Aeronautics, RTCA)编制而成，目的是为航空电子设备软件研制人员及审定机构提供指南[1]。第一版 DO－178 标准，内容包括了基本的航空电子设备软件生命周期，在随后的 DO－178A 标准中增加了软件关键等级，并为确保质量强调了软件测试。DO－178B 标准则是改弦更张[2]，完全重新编写，通过增加项目策划、对数据而不是文档提出要求[3]、允许不同软件开发实践[4]、允许商用货架产品(commercial off the shelf, COTS)和工具，以及在实际工作中持续的质量监控、验证测试等提高软件质量。本书第 29 章描述了当前版本 DO－178C 标准的深远影响。

DO－178 标准名为指南，事实上已成为工程实践中的默认要求[5]。在短短的百页篇幅中，要说明所有相关人员的工作，其内容必然很宽泛。应用 DO－178 标准的关键是要深入理解其目的，为了做到恰如其分的应用，基于 DO－178 标准的认证必然伴随着大量文字工作以及最终系统的实例分析。

DO－254 标准(欧洲 ED－80 标准)针对硬件，是机载航空电子硬件设计保证的正式标准。DO－254 标准给出了项目概念定义、计划、设计、实现，测试和确认等相关信息，包括工具鉴定。

DO－254 和 DO－178 标准十分相似，均由具有软件过程经验的人员编写。截至目前，航空电子设备硬件合格审定虽然没有像软件那么严格，但是航空电子系统是由软硬件组成的，两者对适航同等重要。当今，绝大多数航空电子项目都要进行 DO－254 标准认证或强制遵从 DO－178 标准的要求。

DO－178 标准带来除了合格审定之外的诸多益处，包括可验证的软件质量、更高的可靠性和一致性、更多的重用性、更低的生命周期成本、较低的维护工作量、更快速地软硬件集成及更有可能在开发阶段发现更多问题。

多年以来，我们看到人们在认证的道路上承担着不必要的风险，事实上，他们可能做了大量的工作，却忽视了一些关键的产品或步骤，从而导致成本平均上升40%还是不能满足DO－178标准的要求。本书针对这些容易犯的错误以及如何避免这些错误进行了详细的讨论。在此之前，先讨论几个在启动DO－178标准认证项目时经常提到的问题。

(1) 能否将DO－178标准中有关逆向工程规定[6]运用于现有软件当中？

可以，DO－178标准虽然主要适用于新研软件，但其中也包含了将逆向工程应用于以前开发软件的规定，并可保留大部分已完成工作。

(2) 什么是DO－178标准工具鉴定？

软件开发需要各种工具，用于设计、代码生成、编译/链接、程序库和结构化测试覆盖。在DO－178标准当中，工具鉴定适用于开发和验证/测试工具。鉴定准则因工具不同而异，并且大多数工具并不需要鉴定。如确实需要，工具鉴定应用DO－178标准的子集，以确保工具的正确使用。

(3) 什么是DO－178标准差距分析？

差距分析是评估当前软件工程过程和输出，与DO－178标准的要求进行比较，以寻求差距。DO－178标准规定了航空电子设备软件的开发，同时，并不否认以前开发软件可能符合标准，或已通过合格审定。在许多情况下，特别是军用航空电子设备软件，合格审定常被标准符合性所替代，标准符合性几乎等同合格审定，但不需要联邦航空管理局的介入。

差距分析通常由经过培训的顾问或委任工程代表承担，结果就是对软件过程及输出与DO－178标准要求之间差距的分析，并提供详细的说明用于弥补与合格审定或符合性要求的差距。

(4) 什么是修正的条件/判定覆盖？

修正的条件判定覆盖(modified condition/decision coverage，MC/DC)要求每个程序的入口和出口至少调用过一次，判定中每一个条件的值至少调用一次，并且每一个条件独立的影响输出结果。

MC/DC分析和测试的关键是分析代码结构，确定MC/DC的适用性，然后开发充分的测试用例以确保每一个条件能够按照MC/DC的定义独立验证。目前，绝大多数MC/DC分析和测试都是在经过工具鉴定的结构覆盖分析工具辅助下完成。

(5) 什么是死码？

死码(dead code)是在运行时永远不会被执行的可执行(二进制)码。DO－178标准通常不允许死码存在，必须予以清除。由于死码不能追溯至任何软件需求，因此也不能实现任何所需功能。未被任何其他程序调用的变量或函数一般可通过编译程序或链接程序予以清除，由于它们没有存在二进制可执行加载映像文件当中，因此按照 DO－178 标准的要求，它们不属于死码范畴[7]。

(6) 什么是非激活码?

非激活码(extraneous code)是在航空电子设备某一配置或版本中，不会被执行的可执行(二进制)码，不过，这些代码在维护、特殊操作或不同软件配置下可以执行。与死码不同，非激活码可以留在源代码和二进制基线之中。

(7) 什么是 DO－178 标准要求的需求可追溯性?

需求可追溯性要求每一条需求追溯至相应的设计、代码和验证/测试以便于需求实现和验证，需求可追溯性可以是多对一和一对多模式。

(8) 哪种编程语言最适用于航空电子设备软件?

最好使用高级语言(同时要求具有复杂语法解析能力的编译器)，因为它们更安全。什么是安全的航空电子设备软件? DO－178 标准强调代码的一致性、可视性、确定性、防御性、鲁棒性、设计可追溯性，强调按照检查单进行软件同行评审，以及通过结构覆盖分析和各种试验对软件彻底测试。

因此，航空电子设备代码最好采用 Ada、C 和 C＋＋语言编写，对所有语言应使用编码的安全子集。Ada 事实上是航空电子设备语言标准，Ada95 进一步改进了面向对象的能力。不过，目前的趋势是 Ada 已经落伍于 C 和 C＋＋，并不是因为 C 和 C＋＋性能更优越，而是因为 C 和 C＋＋具有更多的开发工具及更广泛的程序设计群体。

(9) 什么样的配置管理工具最好?

DO－178 标准要求对所有软件生命周期产品进行配置管理(configuration management, CM)，包括需求、设计、代码、测试和文档。DO－178 标准不指定特定工具，对配置管理亦是如此。因此，配置管理可以通过人工或纸质文档完成。事实上，配置管理工具的应用使航空电子设备开发及 DO－178 软件项目受益颇多。简单的配置管理工具(免费工具或在每用户在 200 美元以下的低成本工具)可以提供基本的版本控制、检入/检出及文档管理。高成本工具能够提供更复杂和自动化程度更高的功能。至今市场上尚无能够执行所有 DO－178 标准要求的配置管理过程步骤的商用工具。特别地，对数据安全、异地备份、每次变更的同行评审及确保无未授权变更等方面，均为 DO－178 标准软件配置管理步骤所要求，但通常都不是通过配置管理工具完成的，这些要求可通过配置管理过程的扩展加以实现。

(10) 什么是DO－178标准检查单？

检查单用于跟踪DO－178标准的符合性。DO－178标准附录中提供了对目标的检查单，不过，这些检查单是不被接受的，实际的检查单是根据项目实际而定。许多第三方机构提供的DO－178和DO－254标准检查单，覆盖研制的各阶段，包括计划、开发、正确性、质量保证和委任工程代表(designated engineering representative, DER)活动等。

(11) 什么是DO－178标准要求的独立性？

独立性是要求在DO－178标准生命周期的各个步骤中将开发和评审分离，开发指所要求产品(需求、设计、代码、测试等)的产生，评审指对产品的正确性及与DO－178标准符合性的审查[8]。

(12) 什么是软件关键等级？

DO－178标准将软件分为五个关键等级，A级关键等级最高，E级最低。软件关键等级基于软件对潜在失效状态的影响。

每一项航空电子设备功能或每一个系统都具有确定的关键等级(关键等级必须经审定机构的批准)；当然，一个系统中不同的部件可具有不同的关键等级，关键等级越高，软件开发工作量就越大。

(13) 什么是DO－178标准的A级？

A级软件指软件异常行为将导致系统功能失效进而产生航空器灾难性的失效情况，典型情况是人员伤亡。20％～30％的航空电子系统和40％的软件代码必须符合A级要求。

(14) 什么是DO－178标准的B级软件？

B级软件指软件异常行为将导致系统功能失效进而产生航空器危险的失效情况，典型情况是部分人员伤亡。大约20％的航空电子系统和30％的软件代码必须满足DO－178标准B级的要求。

(15) 什么是DO－178标准的C级软件？

C级软件指软件异常行为将导致系统功能失效进而产生航空器重大的失效情况，典型情况是人员重伤。大约25％的航空电子系统和20％的软件代码必须满足DO－178标准C级的要求。

(16) 什么是DO－178标准的D级软件？

D级软件指软件异常行为将导致系统功能失效进而产生航空器轻微的失效情况。大约20％的航空电子系统和10％的航空软件代码必须满足DO－178标准D级的要求。

(17) 什么是DO-178标准的E级软件?

E级软件指软件异常行为虽然将导致系统功能失效,但不会影响航空器的工作性能或增加驾驶员工作负荷。E级软件对飞机及乘客安全无任何影响。大约10%的航空电子系统和5%的软件代码必须满足DO-178标准E级的要求。

伴随机载客舱娱乐系统及互联网通讯的发展,E级软件代码量近些年不断增长,由于需要和其他更高关键等级软件集成,因此E级软件也面临关键等级提升之势。

(18) DO-178标准工具鉴定如何实施?

工具鉴定用于评估软件开发及验证工具,以确定其是否需要正式鉴定。软件工具鉴定分为开发工具鉴定和验证工具鉴定。由于DO-178标准开发工具的输出用于机载嵌入式软件之中,因此这种工具必须符合DO-178标准软件生命周期各个方面的要求以保证其完整性。验证工具辅助DO-178标准验证。满足以上准则的工具,并用于减少、替代或自动实现DO-178标准中所涉及过程步骤的工具必须通过工具鉴定。

(19) 什么是结构覆盖?

结构覆盖用于证明正式的软件验证用例是否完全覆盖软件结构(条件及路径)。DO-178标准的E级和D级软件不要求进行结构覆盖。自C级、B级至A级,结构覆盖要求不断提高。

(20) 什么是DO-178标准的可认证性?

可认证性指一个航空电子设备部件仅满足DO-178标准子集的要求,而其他合格审定要求后续才能满足。DO-178标准合格审定适用于单独的系统,因此需要该系统所有的软件部件都已完成,并且每个部件和整个系统均完全满足DO-178标准的要求。不过,在系统并不完整的情况下,一个单独的软件部件(如实时操作系统、图形库、通信协议等)可通过证明该部件满足DO-178标准的全部要求而认为该部件是可认证的。

译者注:

1. 2017年7月21日美国联邦航空管理局(Federal Aviation Administration, FAA)发布了咨询公告AC 20-115D,该咨询公告明确指出:EUROCAE ED-12C/RTCA DO-178C《机载系统及设备合格审定中的软件考虑》、EUROCAE ED-215/RTCA DO-330《软件工具鉴定考虑》、EUROCAE ED-218/RTCA DO-331/EUROCAE ED-12C 及 ED-109A 附件:《基于模型的开发及验

证》、EUROCAE ED－217/RTCA DO－332/EUROCAE ED－12C及ED－109A附件：《面向对象技术和相关方法》、EUROCAE ED－216/RTCA DO－333/EUROCAE ED－12C及ED－109A附件：《形式化方法》，提供了一种可接受的，在机载系统及设备合格审定或技术标准规定（Technical Standard Orders，TSO）授权批准过程中表明软件研制与适航规章要求相一致的符合性方法，但并非唯一方法。

2. DO－178B标准相对于早期的DO－178A标准内容基本重新编写，DO－178B标准的后续版本DO－178C标准于2011年12月13日发布，除增加附件DO－330、DO－331、DO－332、DO－333标准外，基本内容与DO－178B标准一致。

3. DO－178B标准及后续版本的一个特征就是强调生命周期数据，而非文档。DO－178C标准第11章中，提出了软件生命周期的22类数据，明确了对数据及其内容而非文档的要求，这给予软件开发人员更大的灵活性。如，在软件计划阶段，需要制订软件合格审定计划、软件开发计划、软件验证计划、软件配置管理计划和软件质量保证计划，并非要求编写5份文档。对A、B、C和D级软件，软件合格审定计划为强制要求不可剪裁，其他计划可独立，也可与软件合格审定计划、软件开发计划等进行合并，常用方式包括三种：第一，其他计划可均合并入软件合格审定计划；第二，软件合格审定计划独立，其他计划合并入软件开发计划；第三，所有软件计划独立成文。而对E级软件，所有软件计划和剪裁，由软件开发人员自行决定。

4. “允许不同软件实践”的含义为DO－178标准是一种符合性方法，但不是唯一的方法。在软件开发初期，需全面考虑软件开发的过程、环境、方法，包括：多版本非相似软件、非激活码、用户可修改软件、参数数据项、先前开发软件（previously developed software，PDS）、工具鉴定的应用，同时也可考虑除DO－178C标准以外的其他符合性替代方法，如形式化方法、穷举输入测试、软件可靠性模型及软件产品服务历史等。

5. DO－178C标准在第1章中就明确“本文是在近些年工程经验的基础上对DO－178B标准进行的修订，旨在为机载系统和设备中软件的研制提供指南，使其能执行预期的功能、达到一定的安全置信等级并满足适航要求”。指南和标准的区别在于：标准是强制性的，而指南只是提供指导。DO－178和DO－254标准都是RTCA制定的指南，不是强制性法规，企业不一定执行。但是按照咨询公告的说法，这两个指南提供了一种符合性的方法，按照这两个指南开展工作将大大增强审定的信心，因此成为实际上的“标准”。

6. 此处逆向工程主要指从现有软件数据中开发更高层级软件数据的过程，如通过目标码或可执行代码开发源代码，通过低层需求开发软件高层需求等。DO－178C 标准第 12 章其他考虑在对 PDS 的使用中提出，当发生软件数据不充分或遗失而使得 PDS 不能够满足 DO－178C 标准要求时，可使用逆向工程方法重新产生软件生命周期数据。除补充软件产品数据外，也需要补充验证活动以满足软件验证的目标。有关逆向工程的进一步了解可参阅 DOT/FAA/TC－15/27 *Reverse Engineering for Software and Digital Systems* 及 CAST－18 *Reverse Engineering in Certification Projects*。

7. 此处涉及 DO－178C 标准中两个重要的概念：死码和非激活码。死码是由软件开发错误所造成的，在目标机环境任何操作配置下都不会运行的可执行目标码或不会使用的数据。非激活码是不能够追溯至系统或软件需求的源代码或目标码(注意目标码和可执行目标码的区别)。根据 DO－178C 标准 6.4.4.3 节结构覆盖率分析结果解决方案的说明，对死码应予以删除，并分析评估死码删除后的影响和重新验证的需要。对无关代码，如果发现其存在于源代码或目标码，那么只要通过分析证明其不存在于可执行目标码之中，可以允许其存在，同时应定义规程保证其不会出现在以后的可执行码构建之中。

8. 此处对独立性的提法值得商榷，独立性是指在评估目标是否实现时所采取的责权分离。对软件验证而言，独立性是指由被验证项开发人员以外的其他人员或由工具实施验证活动；对质量保证过程而言，独立性是指由开发人员以外的其他人员实施质量保证活动。

2　DO－178 标准的实际应用

作为咨询顾问，我们对收到类似下述对话内容的电话数量如此之多感到吃惊。

“您好！我们正准备实施一个 DO－178 标准软件项目，需要帮助！”

“很好，那目前您对 DO－178 标准了解多少？”

“一无所知！”

“那项目进展如何？”

“我们刚刚中标！”

“您意思是说，您提交了项目建议书，但对 DO－178 标准还不太了解，那这是一个工时合同还是定价合同？”

“是定价合同！”

这种熟悉不过的对话就是编写本书的原因。

基于 DO－178 标准的合格审定通常会使项目成本增加 20%～40%。然而，合格审定过程中的许多“弯路”会使成本迅速攀升 70%～200%。然而，通过分析实际项目中 DO－178 标准的应用情况，这些“弯路”是可以避免的。这样不仅能够避免浪费时间、资金和人力，而且还能保持软件可维护性、可重用性及软件的成本效益。

为深入了解 DO－178 标准，本书对 2010—2018 年间完成的 300 多个合格审定项目进行了经验总结，这些项目覆盖了目前主要的民用及军用型号。

关于 DO－178 标准有许多不同评论，以下列举一二：

(1) DO－178 标准只包含“考虑”而非“要求”。

(2) 由航空无线电委员会(RTCA)编制，普遍适用。

(3) 大型和小型系统都适用。

(4) 适用于关键等级 A 级也适用于关键等级 D 级。

(5) DO－178 标准含混不清、费用昂贵。

关于第一点，DO－178标准只包含“考虑”而非“要求”。事实上，DO－178标准通篇无任何之处列出“要求”，从不言及“必须做某事”。原因是DO－178标准是由RTCA编制，标准必须对不同人员普遍适用，对大小不同系统同样适用。仅有50行代码的简单驱动，如用于打开一架飞机上盥洗室灯的驱动和具有120万行代码的机载信息系统，都要满足DO－178标准的要求。

实现如下目标：

(1) 了解DO－178标准的实际应用。

(2) 避免浪费时间和金钱。

(3) 在满足DO－178标准要求的情况下使生产效率最大化。

(4) 总结300个航空电子设备审定当中取得的经验。

(5) 应用最佳实践、工具和产品。

第二点是关于抱怨DO－178标准含混不清。的确，尽管有所改进，但是DO－178标准的内容还是比较含混晦涩、模糊不清，难以确定具体含义，文件篇幅也仅百余页(其中10页是相关人员名单)。然而这一抱怨在一个简单事实面前立刻烟消云散，即关于DO－178标准文本内容解释的诉讼案例从未有胜诉之实。尽管报纸头条不乏鸡毛蒜皮、虫鸣鸟叫之类的诉讼案件，但从来没有挑战DO－178标准的案例，因为在DO－178标准文中自成一套有效防诉讼和防恶意攻击的系统，重点是没有强制要求！但如果没有要求，那么为什么还要浪费时间去阅读这本书呢？原因很简单，如果不应用DO－178标准，那么就很难通过合格审定。

如果FAA(或其他审定机构)强制要求执行这一标准，那么就会恶相丛生。比如，一个公司开发出一个操作系统，通过了合格审定，用于在零可见度天气状况下的自动着陆软件。如果飞机坠毁，这个公司大可声明其并无过失，因为他们遵循了DO－178标准的要求，那么这是谁的过失？律师可以争辩说是标准的问题，因为标准没有涵盖导致机毁人亡的一些关键问题，并且律师的争辩是绝对正确的。但既然DO－178标准不是强制要求，诉讼也就无从谈起。DO－178标准只是一些建议和指南，然而只有遵守才能通过合格审定。

1) 硬件使用的DO－254标准

从2000年到现在，DO－178标准一直指导着机载软件的开发。随着系统的不断进步，硬件同样需要进行审定，于是DO－254标准应运而生，为复杂电子硬件提供审定指南。这两份文件在许多方面极其相似，原因是它们是由同一团队编撰而成。DO－254标准以软件和过程为中心，涉及可编程逻辑器件(programmable logic device，PLD）[1]、现场可编程门阵列（field programmable gate array，FPGA）[2]和复杂可编程逻辑器件（complex programmable logic device，CPLD）[3]等硬件设备中的嵌入式代码开发。

面对硬件合格审定的需要，FAA并没有相应的工程资源，原因是其代理机构从未从事此类工作。为填补这一空白，RTCA的软件委员会着手编制此文件，并最终形成DO－254标准。该文件通过对DO－178标准的复制/剪贴而来，80%～85%的内容雷同。如果一个系统具有逻辑器件，如专用集成电路（application specific integrated circuit，ASIC）或FPGA，那么应满足DO－254标准的要求。任何包含通过软件或硅电路自定义逻辑的器件，也必须经过同样严格的审定。

硬件完成的总结如下：

（1）系统概述——合格审定考虑，硬件生命周期数据，附加考虑。

（2）硬件概述——硬件设计生命周期描述，先前开发硬件，替代方法。

> 该文件必须指出硬件研制实施与已批准的硬件合格审定计划（plan for hardware aspects of certification，PHAC）之间的差异，给出硬件的标识信息、变更历史、状态信息以及符合性声明。

2）测试

软件测试费用相比于软件开发费用往往居高不下，尤其是对A、B和C级软件更是如此。测试包括4种类型：功能、正常范围、鲁棒性和结构覆盖[4]。一则奇闻是一家研制被广泛使用的操作系统的公司，声称其操作系统部分满足DO－178标准的要求。该操作系统具有近3 000万行代码[5]，多半数经过了测试，但是有多少行代码经过结构覆盖并被验证是正确的呢？超过100万行，这当然是一个巨大的成绩，但是其他2 900万代码呢？显而易见，该操作系统不符合DO－178标准的要求。应注意，在此所述的测试类型与军用、医药或软件工程研究所（Software Engineering Institute，SEI）软件当中的测试类型有所不同。

3）设计数据和控制流

后续篇章中将讨论设计数据和控制流。因为设计数据和控制流，一架超轻型喷气飞机上的一个知名的操作系统曾被拒绝通过C级认证，而该操作系统软件用于驱动座舱中的飞行显示器，所以实施合格审定的DER不得不告诉制造商

“对不起,您已误入歧途”。虽然该系统具有两个冗余显示器,但它们采用完全相同的软件。如果软件异常导致一个显示器故障,那么另一个显示器将会出现什么情况?当然会出现同样的故障。制造商并没有采纳 DER 的建议,DER 也就停止了审定工作。由此造成的苦果就是 FAA 第二年要求他们重新设计整个座舱的航空电子架构,飞机开发因此延迟两年,开发成本增加了 3 000 万美元。通过聆听专业的意见,并且不走“捷径”,这种一厢情愿的思维模式其实是可以避免的。DO-178 标准是“确定”和“常识”,两者都需要认真研究。

4) 工具

工具鉴定是 DO-178 标准的一个重要方面。DO-178 标准如同一个链条,航空电子系统如同其最薄弱的一环。链条一般会在哪里断裂?应是在最薄弱的环节。但是,DO-178(DO-254)标准又是世界上为数不多的允许 5 种不同等级的标准之一,本书中将描述这 5 种关键等级。显而易见,最简单的做法是使每个航空电子设备系统满足最严格的标准要求,即 A 级的要求,但是那样会大大增加飞机制造、维护、升级和备件的成本,而这些又都是航空工业的最根本利益。果真如此,其结果就是航空公司买不起飞机,乘客买不起机票。因此,DO-178 标准根据系统对飞机安全的影响程度规定了 5 个关键等级。

关于工具,一位合格审定专家的结论是“工具会使白痴更加白痴”。工具使用方面常常发生的错误在于工具鉴定,原因是常常执行不必要的鉴定,如编译器就不需要工具鉴定[6]。但对用于执行测试、分析执行路径的结构覆盖工具是否需要鉴定?除非花费大量人力和时间对每一判定分支进行人工验证,否则这些工具是必须鉴定的。简而言之,一些工具需要鉴定,而另一些不需要,本书将阐明如何确定这一点。

有两种工具:开发工具和验证工具。开发工具的鉴定比较困难,验证工具鉴定相对容易。如果以前已经鉴定过,那么对验证工具的鉴定仅需少数人力和时间。

5) 有罪推定

欧美国家法律基于无罪推定,即除非证实有罪,否则是清白的。DO-178 标准合格审定恰恰相反,基于有罪推定,即除非证明清白,否则是有罪的。遵循 DO-178 标准的要求,通过做好记录,严格执行计划,项目在最后将通过合格审定。因此,以书本方式学习 DO-178 标准并不可取,原因是文档内容过于含混。总结多年以来的经验,最佳的学习方式就是教会软件工程师如何按照 FAA 的方式思考。

6) “考虑”而不是“要求”

DO-178标准的名称为：

航空无线电技术委员会(RTCA)DO-178标准

机载系统和设备合格审定中的软件考虑

注意名称中没有“要求”这样的措辞。因为使用“考虑”，所以虽然文中对许多要点的描述被认为模糊不清，但DO-178标准的执行却又一帆风顺，原因是执行标准的业内公司的目标与标准的目标是一致的，75%的标准制定参与者来自航空工业，因此该标准的执行要好于其他标准。其内容并非完美无缺，但却非常实用，原因是该行业一贯重视计划、成本和风险等方面的因素。

对比其他标准，会发现其他标准有时就是一纸空文，无人执行，原因是标准难以理解、实施困难。所以，对标准而言，最重要的是要编写出合理实用的规则，而DO-178标准就是这样的规则，因为它是在工业界的帮助下完成的。

标准中给出了许多折中方法，DO-178标准全文中无任何之处指出“怎样做某事”，而是指明“需要做何事”，而且指出可以使用替代的方法，只要能够通过理论和实践证明所采用方法更好。

在采用替代方法前，需要与专家或委任工程代表(DER)沟通。一家加拿大公司曾使用8个传输装置装卸货物，使用替代方法将其中的控制软件通过了B级认证。因此，可以将DO-178标准看作一个研讨性文件，而非一成不变的规则，事实上它也的确如此。

译者注：

1. PLD。逻辑器件一般可分为两大类，即固定逻辑器件和可编程逻辑器件。固定逻辑器件中的电路是永久性的，它们完成一种或一组功能，一旦制造完成，就无法改变。PLD是能够为客户提供范围广泛的多种逻辑能力、特性、速度和电压特性的标准成品部件，而且此类器件内部逻辑可发生改变，从而完成许多种不同的功能。PLD的两种主要类型是FPGA和CPLD。

2. FPGA。FPGA是在可编程阵列逻辑(programmable array logic，PAL)、通用阵列逻辑(generic array logic，GAL)等可编程器件的基础上进一步发展的产物。它是作为ASIC领域中的一种半定制电路而出现的，既解决了定制电路的不足，又克服了原有可编程器件门电路数有限的缺点。

3. CPLD。CPLD采用CMOS EPROM、EEPROM、快闪存储器和SRAM等编程技术，从而构成了高密度、高速度和低功耗的可编程逻辑器件。

4. 此处测试类型与DO-178C标准原文有出入。DO-178C标准6.4节软件测试中对软件测试类型的定义包括三种：软硬件集成测试、软件集成测试和软件低层测试，一般软硬件集成测试是强制要求。正常范围测试用例与鲁棒性测试用例是各测试类型中测试用例的选择准则，而基于需求的测试覆盖分析及结构覆盖分析是测试分析时使用的准则。

5. 此处对操作系统代码规模的描述似乎有误，按照目前商用操作系统的实际状况，符合ARINC 653标准的分区操作系统规模为20万～30万行源码，即便加上所有中间件、数据库等，操作系统似乎也只有数百万源码。

6. 事实情况是编译器无法进行工具鉴定，编译器的鉴定问题出现在目标码覆盖分析要求中，根据DO-178C标准6.4.4.2节，如果软件等级是A级，并且编译器、链接程序或其他手段产生不能追溯至源代码的目标码，那么需要对这些额外代码进行附加验证。编译器验证曾经认为是解决目标码验证的一种技术手段，本质是希望对编译器进行工具鉴定，从而经过鉴定的编译器可产生可预期的目标码，但实际工程实施中，编译器鉴定几乎不可能，是出于以下原因：第一，编译器代码规模巨大，对编译器做A级工具鉴定十分困难；第二，编译器编译选项、优化选项这些参数组合复杂，不可能穷举验证；第三，编译器本身的目标码覆盖分析问题。某些文章中提出如果编译器用于产生A级的目标码，那么就应按照A级软件进行鉴定，即产生A级目标码的目标码也需经过目标码覆盖分析，这使得情况十分复杂。因此，目前对目标码分析(object code analysis, OCA)定义了常用的几种手段[见后续文章及认证机构软件小组(Certification Authorities Software Team, CAST)报告]，几乎没有人进行A级的编译器鉴定。

3 策划项目

本章讨论项目的策划。DO－178 标准的目标是由 SAE 标准《民用机载系统和设备安全性评估过程指南和方法》(SAE ARP 4761)驱动的[1]，SAE ARP 4761 提供了安全性评估方法，用于确定软件关键等级 A、B、C 或 D 和架构输入。

1) DO－178 标准内容概述

如果脱离 SAE ARP 4761，失去了系统需求、安全性评估(包括软件研制保证等级)的根源，DO－178 标准就有可能使人如坠十里迷雾。一些人质问："DO－178 标准从未提及如何开发好的软件需求，又叫我们如何能做到?"对此问题的回答就在 SAE ARP 4761 和 DO－178 标准这两份文档之中。对一个系统的成本效益及质量而言，没有什么比"好"的需求更加重要。

DO－178 标准的内容如下：

(1) 概述。

(2) 系统方面。

(3) 软件生命周期。

(4) 计划过程——计划。

(5) 开发过程——开发。

(6) 验证过程——纠正错误。

(7) 配置管理(CM)。

(8) 质量保证。

(9) 合格审定联络。

(10) 飞机及发动机合格审定概述。

(11) 数据要求及其他考虑。

(12) 附录 A　合格审定应达到目标。

许多公司的确编写了十分漂亮的计划文档，可谓字字珠玑，篇篇锦绣，然而令人诧异的是，他们并未做出好的项目。究其根源，是因为他们的计划文档写得太好了！任何一页都平展如初，没有一丝折痕，除了被盖上了一层灰尘，这些文档始终被束之高阁。按照 DO－178 标准的推理逻辑，“除非证明清白，否则都有罪责”，在项目结束的时候，不仅要证明有完美的计划，而且要证明已逐字逐句执行了该计划，这是项目应尽之责。

偶尔，委任工程代表（DER）会被问道：“做一个 DO－178 标准项目，最少要几个人？”

回答是：“这是个有趣的问题，您为什么这么问？”

“我刚开始我的公司，目前还是单枪匹马。”

“好吧，我的解答是这样……”

项目需要一个安全性分析专家、一个系统需求编写人员，需要一个软件需求编写人员和一个硬件需求编写人员，需要一个配置管理人员、一个质量保证（quality assurance，QA）人员和一个 DER，需要一个软件架构设计人员。如果暂时把硬件撇在一边，那么还需要一个软件开发人员、一个软件测试人员。把这样一群精英分子搅和在一起，还要一个项目经理。所以，一共需要十一个人。事实上，并非如此。

项目的确需要一个 DER，但是你可以从其他地方租借一个 DER，因为一些中等规模的公司可能都没有自己的 DER。此外，肯定还需要一个 QA 人员，剩下九个人呢？其实，只需要再有两个人，一个开发人员和一个评审人员。所以，一个 DER 外加其他三人足矣。谁最重要呢？QA 人员当仁不让，因为 QA 人员发起 DO－178 标准符合性审查，并且决定如何去请 DER。当然，开发人员和评审人员也是团队的必须成员。

可否由两个软件开发人员、一个 QA 人员和一个 DER 组成项目团队？当然可以，但这又涉及开发人员能否评审他们自己的工作产品或按照自己写的需求编码的问题，回答是否定的。那他们能否遵循自己的开发过程且不遵守测试过程？回答同样是否定的。

从某些方面看，DO－178 标准看似像一个需要十几个人喂养的猛兽，其实不然。QA 非常重要。QA 通过字斟句酌的审计，覆盖安全性等级要求的所有内容，保证项目遵循计划的要求，保证各项活动按照计划开展。

可通过三个关键过程纵览 DO－178 标准，如图 3－1 所示，图中过程项的位置和大小包含着许多含义[2]。

计划过程一马当先，先于一切，所以位于最左边，它包括五个计划和软件标准；开发过程紧随其后；背后最大的一块是正确性验证过程，其包含软件测试、质

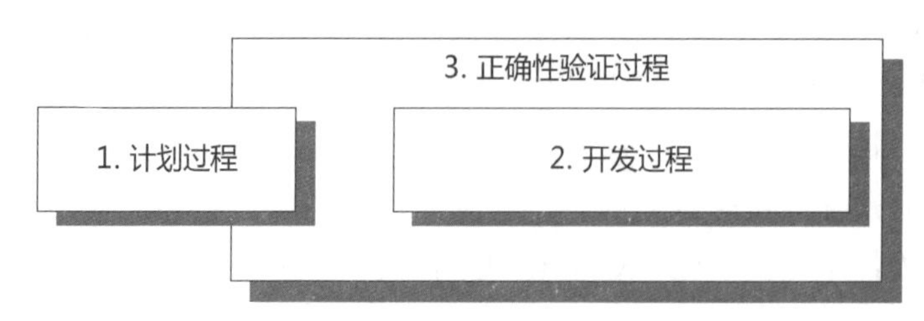

图3－1　DO－178标准的三个关键过程

量保证、配置管理、合格审定联络及与FAA的协调等。正确性验证过程是软件开发的成本大户，也是关键过程之一。

DO－178标准的关键属性如下：

(1) 详细的策划。

(2) 五个软件关键等级(A、B、C、D、E)。

(3) 一致性和确定性。

(4) 需求可追溯性。

(5) 验证测试。

(6) 除非证明清白，否则有罪。

DO－178标准的实质是"确定"和"一致"，可以将DO－178标准的"D"看作是"确定"(determinism)一词的缩写。由根源和影响确定策划事务的优先级，这就是DO－178标准的精髓所在。

通过自顶向下的追溯关系证明所确定的所有事务都得到执行，同时通过自底向上的追溯关系证明仅确定的事务得到执行。

2) 详细策划

在任何开发活动之前，必须进行策划。可以想象一下盖房子的过程，首先是由建筑师画出草图，而后由结构工程师策划并设计房屋蓝图。不能仅仅笼统地要求"五个卧室和四个浴室"，因为建筑师并不知道房主的生活方式和偏好，他可能把五个卧室集中到地下室设计成鸽子笼般大小，这绝非房主所愿，所以在解决如电路、下水、防震及其他技术细节的同时，房主必须告诉建筑师个人偏好，以待解决。

接下来，需要一个精通本地建筑报批程序的专职人员，评审建筑计划并盖章批准，其角色和责任如同DER。其后，建筑计划被上报到当地管理部门，批复有可能是批准或修订。试想未经策划就动工的后果，极有可能面临失败，甚至推倒重来。

对软件来说，策划起始于以下问题："如何满足 DO - 178 标准的目标及规定?"

详细策划建议如下：

(1) 策划必须先于软件开发。

(2) 策划必须描述 DO - 178 标准各方面的要求。

(3) 策划必须提供可行性依据和证明。

(4) 策划描述诸如什么、何时、何人、谁去做及如何做的问题。

(5) 策划通常需要书面形式，QA 接受并跟踪执行，DER 批准。

考虑软件开发计划的时候，要考虑许多问题。例如，需什么工具? 何人使用这些工具? 项目进度如何安排? 何人开发? 何人验证及何人担任 QA 工作? 使用何种环境? 使用何种编译设定? 使用 UNIX 还是 Windows 开发? 使用何种模拟工具? 使用何种调试器?

需要编写软件验证计划，通过工具、过程、人员对软件产品进行验证，需要明确进度计划、节点期限及如何分配资源，需要软件配置管理计划对每一个数据项进行配置控制，同样需要软件质量保证计划，并定义如何对已定义策划和过程实施质量审查。

软件标准为软件需求开发、设计及编码提供一致的方法。DO - 178 标准明确要求书面形式的三份标准。DO - 254 标准同样有类似的一套标准，同样要求在生产制造过程中实施测试及产品质量保证[3]。

以上是对软件生命周期过程策划及策划执行的概述，如前文提及，软件策划不仅仅要说明什么、何时做，还要说明谁去做，以及如何做。

计划通常由工程团队编写，不一定是 DER 或项目经理。计划需要由团队亲自编写，同时 QA 不仅要确保计划是可接受的，而且要保证计划被执行，并满足 DO - 178 标准的所有要求。DER 负责批准计划以确保它们符合 DO - 178 标准的要求。

至此，已经打好了软件开发的地基：五个计划和三个标准。在通过评审后，软件开发就可以开始了。然而，世事无常，往往一切并非一帆风顺，对十分之七的项目来说，在软件开发开始的时候，软件合格审定计划(plan for software aspects of certification, PSAC)仍在磋商和更新，原因就是现实总是差强人意，软件后期开发过程中或客户需要增加额外的功能时，软件都面临变更。这些变更不一定与先期确定的项目范围一致，通常初始的软件策划在项目最初的三四个月内就完成了。

例如，对于一个周期三年的项目，虽然需要对其详细策划以获得批准，但是实际上计划也允许存在足够的灵活性，如选定了一个编译器，决定使用某公司的测试工具，如果在策划时确定了其版本，那么就有可能过早地被套上“已批准”的枷锁。一段时间后，工具版本不断演化，项目实际将选择最新的版本，如版本七，而在做计划时使用版本二。

基于以上描述，策划时需要一定的灵活性。可能需要一个版本工具做结构覆盖分析，但是在计划中，不必提供工具设置的细节，因为环境随时可能发生变化。

软件计划，通常每份20～30页。如果编写了一份150页的计划，那么说明已经操之过急，带入太多过程细节。软件计划主要关注“什么”及少部分“如何”，而不是过多的细节，因此不至于以后被这些细节束缚手脚。

3) DO－178标准的演化

DO－178标准的演化过程如表3－1所示。

表3－1 DO－178标准的演化过程

文 档	基 于	内 容 主 题
DO－178标准	SAE AS 498及ARP 2167A标准	产品、文档、可追溯性、管理、合同及测试
DO－178A标准	DO－178标准	过程、测试、部件、四个安全性等级、评审、瀑布模型等
DO－178B标准	DO－178A标准	集成、开发方法、数据、工具、COTS等
DO－178C标准	DO－178B标准	减少主观性，模型开发及逆向工程

1980年，DO－178标准发布后不久，质疑之声就不绝于耳。如何执行初步设计评审？文档的格式是什么？软件可靠性指标是什么？因为无法对软件全面测试，软件注定存在失效，失效的概率为100％，因此最直观的符合性方法就是向FAA证明能够100％测试所有输入组合及可能输出[4]。那么其他“替代的”符合性方法看似就成为DO－178标准的漏洞。其实不然，替代的符合性方法仅仅是DO－178标准要求的某些步骤的合理替代。能常常使用符合性替代方法吗？只有当确实遇到困难，的确需要以适用的步骤替代某些DO－178标准要求的步骤时才使用。这些替代步骤必须同DO－178标准要求步骤同样充分有力，主要依据常识或书面论证。在采用符合性替代方法之前，要确保其得到QA人员和DER的批准[5]。

对某些特定软件来说，如一个简单的正弦函数，通过函数图像，能够测试函数每个取值点及边界点，因此不再需要DO－178标准所要求的其他测试。在此情况下，所有可能的输入、输出得到验证，可使用穷举验证这种符合性替代方法。但是，同样方法对一个一万行源码的程序，如飞控程序是否同样适用？显而易见不能，因为输入条件及变量过于繁杂。

在测试操作系统的时候，可能会倾向穷举测试以外的"符合性替代方法"，然而，为何不能对操作系统做穷举测试？是因为操作系统特定输入、输出的原因，由于无法查明操作系统输入、输出的组合有多大数量，无法估算，致使根本不可能使用穷举测试的方法，因此穷举测试这种符合性替代方法对此无效。当软件部件过于复杂，不能完全测试时，需要设计保证过程[5]。在开发产品的时候，软件研制保证等级与硬件研制保证等级等同。例如，一个电阻能够被完全测试，就不需要遵循DO－254标准，因为能够测试其所有可能的输入、输出，这意味着该器件是一个"简单"器件，否则，作为"复杂"器件，必须经过DO－254标准的合格审定。这就是所需要做的事情。

但是，对电阻适用的全面的穷举测试方法是否对一个百万门规格的ASIC同样适用？在此情况下，测试用例的规模可能达到2的几百万次方，根本就不能完全运行，所以必须遵循DO－254及DO－178标准提供的开发保证过程。

DO－178A标准刚发布时被认为近乎完美，但当时软件工业伴随新工具、方法及编程语言的不断涌现而处于快速发展的时期。由于DO－178A标准不能很好地适应这些变化，而很快成为一种羁绊，因此DO－178B标准应运而生。它描述了结构化方法、工具、软件测试及符合性替代方法。

在1990年初DO－178B标准将要颁布的时候，一家航空公司在执行合格审定时提交了他们的型号许可证申请，因为他们希望以DO－178A标准作为合格审定的基础。目前，考虑到DO－178C标准可能会更加严格，扎堆按照DO－178B标准进行合格审定的申请也屡见不鲜。

根据DO－178B标准，项目不能够再像DO－178A标准中那样仅靠一份文档或交付数据项（源代码、目标码等）包打天下。虽然不必遵循MIL－STD－498的过程，但是需要需求和设计的过程及数据，并且要将其纳入配置管理。

先前要求必须提供配置管理计划（文档），但现在仅要求对配置管理过程和数据的描述。配置管理数据可合并入软件开发计划，因而不再需要单独的文档。FAA对此类数据项的处理并非一成不变，而是存在灵活变通。

对软件评审的证据，可能常常会被问到："软件评审的证据是什么？"这就如同依据发票减缴收入税，报税员会说："您想减缴本年度的税务，没有任何问题，只需给我发票。"

评审检查单作为评审的证据，就如同雪地上走过后留下的脚印，有些人也称其为"面包渣"或"草灰蛇线"。评审检查单通常可以纸质存放或以电子形式存储于计算机文件夹或配置管理库中。

DER推荐使用配置管理工具。虽然DO-178标准没有正式要求使用配置管理工具，但事实情况是，如果没有配置管理工具，那么证明DO-178标准的符合性将举步维艰。同时，配置管理工具可极大提高工作效率，使得项目能够检查、保存所有工作产品并实施版本管理。这意味着任何纳入配置管理的产品原件、文档、评审记录、修订历史等将长期有效保存，任何时候都一目了然。

有个有趣的问题："你是否愿意将为达到能力成熟度模型集成(capability maturity model integration, CMMI)4级而千辛万苦建立起来的全套过程对外公布？"回答可能五花八门，但绝对不是为竞争对手服务，让他们顺手牵羊，坐享其成[7]。这如同买一辆车，希望它从零加速到60英里①/小时只要3秒，每加仑②汽油能跑50英里，适合一个七口之家，同样希望它外观华丽，而总价不超过1.5万美元。现实是，任一款车，能同时满足这五条要求中的二条就算不错了[8]。每个公司对项目都有自己的核心关注点，有些关注进度，有些专注资源，完成类似任务的过程总是千差万别，不存在满足所有要求的完美工具。

不同的DER审查同一项目时，他们的看法也是林林总总，这些都非常正常，是一种非常有趣的现象，项目需要对此进行控制。在航空工业及航空电子高速发展的今天，最大的不确定因素就是DER。DER可能使得项目花钱如流水，迫使项目寻找另一个更理性、更变通、更易合作的DER，也可能为项目节约开支、事半功倍。无论如何，不能说DER是一个"口头杀手"。DER总是要求满足符合性要求，他们既不制定法规条文，也不传达过程如何工作，他们的工作就是确定项目是否遵循了DO-178或DO-254标准。

4) 五个关键计划

五个关键计划如下：

(1) 软件合格审定计划(PSAC)。

(2) 软件质量保证计划(software quality assurance plan, SQAP)。

---

① 英里(mi)，英制长度单位，1 mi=1.609 34 km。

② 加仑(gal)，容积非法定单位，1 gal(uk)=4.546 09 L，1 gal(us)=3.785 43 L。

(3) 软件配置管理计划(software configuration management plan, SCMP)。

(4) 软件开发计划(software development plan, SWDP)。

(5) 软件验证计划(software verification plan, SWVP)。

附加三个标准：**软件需求标准、设计标准和编码标准。**

DO-254与DO-178标准略有不同,DO-254标准要求的计划文档除了删除软件字眼,以硬件取而代之,此外几乎与DO-178标准相同。质量保证被更名为过程保证,因为其要求的步骤和数据与DO-178标准相同,但关注硬件生产的全过程。这些计划文档,作为构建软件产品及过程保证的顶层策划,成为研发团队与FAA沟通的基础。

软件合格审定计划(PSAC)具体包括如下内容：

(1) 文档页数20～30页。

(2) 系统、架构及软件概述。

(3) 安全性、关键等级、合格审定考虑。

(4) 对其他计划、文档的索引。

(5) DER协助准备并批准。

(6) 上报FAA并批准。

不必也不需要差强人意编写200页的PSAC,保持其30页左右即可。如果过于细致,那么容易在项目早期就对项目诸多方面引起不必要的质疑。

系统、架构及软件概述必须包含于PSAC之中。为何包含系统描述如此重要？因为软件总是作为系统的一部分,不单独合格审定,这就是必须通过系统概述明确架构的原因。必须明确软件是否存在余度及内建监控,使用何种语言开发？基于何种处理器？在同一处理器上是否存在A级、C级等的不同划分？如何体现划分软件的一致性与完整性？

安全性、关键等级、合格审定考虑。无论A级还是E级,必须在软件合格审定计划中定义关键等级,并且说明确定等级选择的原因。这可能需要前期,如系统安全性分析阶段数据支撑,并在软件合格审定计划中进一步明确等级选择的原因。

对其他计划、文档的索引。项目早期质量保证活动启动之后,需要编写30页左右的质量保证计划。质量保证计划编写有一定步骤,应详细描述如何遵循DO-178标准开展质量保证活动。

编写过程中可寻求各方的协助，且如果未得到DER批准，至少通过DER评审。FAA几乎始终保留对PSAC的批准权，他们希望从DER处得到推荐，然后自主批准。在一些情况下，FAA合格审定官员经常要求DER代为批准合格审定计划，并提供批复的表单，由于FAA工作量与日俱增，这种委派授权批准日渐频繁。无论采用何种方式，项目需要做的工作就是使PSAC划通过FAA或DER的批准。

软件质量保证计划（SQAP）具体包括如下内容：

（1）软件生命周期过程中QA活动描述。

（2）保证所有计划协调一致，与过程一致并被遵循。

（3）保证转段准则严格实施。

（4）描述符合性评审和审查。

（5）提供QA审计策划及指南（包括检查单）。

SQAP描述软件生命周期过程中的质量及过程保证。FAA在其中做何事？何人评审SQAP？QA审计多久执行一次？QA人员是否需要目击测试或代码评审？QA人员是否需要参加软件计划中已定义的过程和活动？QA人员向何人报告问题？

质量保证（QA）的主要作用是确保项目的五个关键计划和三个标准完全满足DO－178标准的要求，并通过审计保证工程实施满足这些计划和标准的要求。QA人员应向何人负责？如果QA人员是对项目负责人负责，因为项目负责人负责交付产品，那么他可能会因为QA人员“百般挑刺”而不喜欢他的工作，并认为他不是一个合格的质量保证人员，因而去寻找其他“合适”的人员，这样做绝非FAA所望。QA人员应向公司负责质量的老板报告，并保证，QA人员不能成为任何实际工程活动（需求、设计、代码、测试）的承担者。QA人员可以向项目负责人报告他的工作活动，而项目负责人不能因为不喜欢他对工作“挑三拣四”而开除他，如QA人员常常反应“你的工程师没有这么做或没有那么做”，这就是为什么QA人员必须向更高层负责的原因。

在以上建房子的例子中，任何人都不希望管道和布线互不匹配，或把保险丝盒置于热水箱之下，对软件项目当然也不希望配置管理计划与开发计划相互冲突，这些工作都需要以团队或“系统”方式完成。QA的目的是确保这些活动正常进行，如转换准则是指软件开发从一个阶段到另一阶段的过渡，进入下一个阶段以前，需要进入及退出准则。

如要建造一座房子，在完成所有计划审批后的第一步是浇注地基，直到市政官员确认地基的浇注量、强度和材料是正确之后，才进行框架施工，这就满足了进入及退出准则的要求。

如果在未经批准的地基上进行框架施工，那么就没有满足进入和退出准则的要求，所建房屋的命运多半是被拆掉作罢。对于软件，在设计和编码以前，需要一套良好的需求，并遵守评审、验收和迭代过程。在前些年，软件项目常常开展初步设计评审（preliminary design review, PDR）/关键设计评审（critical design review, CDR），这实际上是在DO-178A标准中强调的转换准则。

随后的DO-178标准中，认识到软件产品研发并非如此，而是一个迭代过程。对单一需求只要符合转换准则的要求，即可开展软件设计，因为需求完成绝非一日之功，而是通过15次、20次甚至30次以上初步方案评审才能完全确定。需求完成是一个逐步完善的过程，并应符合转换准则的要求。

应确保软件开发与软件计划及生产制造过程所产生的硬件产品保持一致。在QA计划中应包含需要完成工作的时间、检查的频度及对发现问题的处理方法。

一位FAA人员坚持在QA计划中列出各项工作所占百分比，QA人员应抽查百分之几的代码。QA计划只要求QA人员审查源代码并审核实施过程，并无明确的百分比要求。FAA希望在计划当中列出10%、15%、20%或其他具体百分数。DO-178标准的确没有提供此类指南，在这种情况下，一般是将具体百分比列入计划并获得了批准。

对以上问题假定质量保证人员回答："10%。"

FAA回复："不够！"

"那您希望多少？"

"100%"，FAA回答。

QA人员回答："那就不再是QA抽查了，而是完全的检查了。"

结果DER参与其中，协商结果是40%，皆大欢喜。一番讨价还价后，大家就百分比达成一致。

QA是一个过程，必须让FAA确信开发工作是按照计划开展。QA人员应时刻铭记，QA的首要职责是确保所有项目过程、计划和标准遵循DO-178标准，确保每个人遵守项目过程、计划和标准的要求，并提供实证，这就是为什么需要检查单的原因。FAA依靠QA，如同依靠DER。DER确保在开发阶段QA人员、开发人员、验证人员各司其职并尽可能发现存在的问题。FAA确保每个人各尽其责，在一般情况下，问题就是在各个层级的审查过程中发现。

软件配置管理计划(SCMP)具体包括如下内容：

(1) 对生命周期的产品、数据文件及其他输出必须进行严格的配置控制。

(2) 明确配置项命名规范及版本修订时的编号方法。

历史上的CM系统(有些公司仍在使用)与图书馆的图书外借类似，图书管理员在借书卡上盖章，两周后该书应归还。目前配置—归还—外借系统大多已经被自动系统取代，大多基于网络系统，因此需要明确定义CM系统及其如何应用。定义的准则包括：CM系统如何建立、访问权限控制、问题报告及追溯。如无变更原因，则不能对软件任意变更。变更的记录包括出现的故障、如何维修的以及审批记录等。

信息安全也是目前关注的热点。CM系统如何备份？软件如何重新构建？谁对配置管理负责？每个对CM系统负责的工作人员，都需要知道如何编写问题报告？如何检入、检出数据？涉及CM的所有文件都必须提供给所有工作人员。

软件开发计划(SWDP)具体包括如下内容：

(1) 定义进度、人员、独立性要求、交付物、里程碑及组织机构。

(2) 确定开发环境和工具。

(3) 确定生命周期过程(需求、设计、编码、集成、测试、变更等)。

(4) 确定配置管理和质量保证的介入(包括转换准则)及交付物。

SWDP定义软件设计、开发、实现及集成过程的进度、交付物、里程碑、工具及软件开发环境，内容包括生命周期过程、需求如何定义、是否使用模型开发、是否使用结构化方法、使用Ada语言还是C语言、使用什么开发工具及如何进行需求追溯等。

项目是否正在使用DOORS进行需求追溯？是否使用Engenuity公司的QCG工具自动生成图形？是否使用Green Hill公司的Integrity－178实时操作系统？这些细节应在开发计划中明确。这些工具如何建立及使用？如何执行静态分析及单元测试？软件开发环境可能与目标机环境有所不同，如可以使用个人计算机Windows环境或UNIX系统，这些都需要在开发计划中定义。

软件验证计划(SWVP)具体包括如下内容：

(1) 明确评审和验收。

(2) 可追溯性。

(3) 测试和集成的各个方面。

(4) 测试环境和工具。

(5) 回归及再验证。

(6) 资源及管理。

SWVP定义进度、交付物、里程碑、工具及进行软件评审、验证并证明正确的软件验证环境，内容包括软件生命周期过程，软件需求、设计及编码如何验证。是否使用形式化工具？是否使用PolySpace在同行评审前进行代码检查？使用哪些工具？如何执行需求可追溯性？是否正在使用VectorCAST工具进行代码测试及结构化分析？这些内容应纳入软件验证计划。如何安装和使用这些工具？软件验证计划也应描述如何执行软硬件综合测试及软件回归测试的策略。

5) 其他的文档和产品

其他需要生成的数据项。在计划完成以后，需要为需求、设计及编码制定标准，制定完备的标准是非常重要的，假定有十个研发人员，任何项目并不希望他们信马由缰、各行其是，保持一致非常重要。

附加文档和产品包括如下内容：

(1) 软件需求标准。

(2) 软件设计标准。

(3) 软件编码标准。

(4) 软件配置索引(software configuration index, SCI)或版本说明文件(version description document, VDD)。

(5) 追溯矩阵。

(6) 需求、设计、编码和测试/结果。

(7) 工具鉴定计划/数据/评估。

(8) 软件环境配置索引(software environment configuration index, SECI)。

(9) 软件完成总结(software accomplishment summary, SAS)。

(10) CM记录和问题报告。

(11) QA和DER审核记录。

安全性设计和编码也非常重要，例如，有时并不希望编码人员使用某些C++语言特性，因此通过编码标准规范一个可接受的C++子集。一个完整的程序可以编写在一行代码中，但这却不是良好的编码实践。

一行中有多少个字符较为适宜？在一个文件中有多少个函数较为合理？单个文件不能包打天下，因此要在编码标准中定义基本和复杂的编码要求，如最大许可的McCabe圈复杂度等。递归会导致代码出现问题，堆栈溢出极不安全。能否在C++中使用继承？答案是不能，那是不是仅对A级软件不能？答案还是不能。对以上内容需要进行约束，并能够对其进行分析，所以需要定义标准。

VDD是较为陈旧的术语，但在军工行业仍在沿用。它与配置索引含义基本相同，配置索引中包含了版本说明文件中未曾包含的一些内容，即不但包含了产品，而且包含了开发产品所需的环境。

使用追溯矩阵。需求、设计、编码及测试结果是各项活动的实际结果。软件环境配置是开发和测试产品以及使用工具的环境。如前所述，追溯是自上而下并且自下而上双向进行。

SAS是所完成工作的总结，软件合格审定(PSAC)计划规定了需要完成的内容，但如果未按要求完成，那么就需要指明偏差，并对偏差进行合理解释。

质量记录和问题报告记录贯穿整个生命周期过程，其中包括了DER的介入记录、每个过程中产生的检查单、审计记录及生命周期当中的其他输出。

航空电子系统文件包含用于指导产品开发的，来自用户的技术规格要求。用户可能提供系统设计，并要求完成开发。系统设计可能覆盖同一系统中多个现场可更换单元(line replaceable unit, LRU)、冗余要求及不同执行路径，因此确定系统当中完成相同任务的模块数量也是系统设计的一部分。系统设计一旦建立，将被分解为两个部分，一部分为软件需求，另一部分为硬件需求。

在将系统需求分解为软件需求和硬件需求之前，通过开发过程以及对功能、失效和安全性信息的安全性分析，来确定系统架构。这样，就可以检测出导致整个系统故障的不安全条件。举一个例子，一架飞机上用于控制襟翼模块的电源都来自右侧发动机，如果该发动机出现故障，那么襟翼将全部失灵。为避免出现这种情况，就需要来自不同发电系统的多个电源。

一个液压系统可以具有五个冗余的电源，其中四个是由电子装置控制，在某些飞机上第五个电源被称为冲压空气涡轮。如果所有电源都出现故障，那么飞机上腹部上有个门将会开启并探出一个小风扇在气流中旋转紧急发电。这种做法很简单，但却是最后一道防线。

在设计保证过程当中，曾经的术语“固件”不见踪影，取而代之的是硬件(DO－254标准)或软件(DO－178标准)。以前的“固件”指硅芯片中的逻辑，现在被称为“复杂硬件”。

DO－178和DO－254标准都要和系统打交道，而DO－254标准一般涉及专用集成电路(ASIC)、可编程逻辑器件(PLD)和现场可编程门阵列(FPGA)等复杂的电子部件。除此之外，DO－178标准还涉及板级支持包(board support package, BSP)、实时操作系统(real-time operating system, RTOS)、应用软件

(App SW)、数学库(Math)和图形驱动(Drivers)等。图 3-2 给出了 LRU 内部部件的控制和分类。

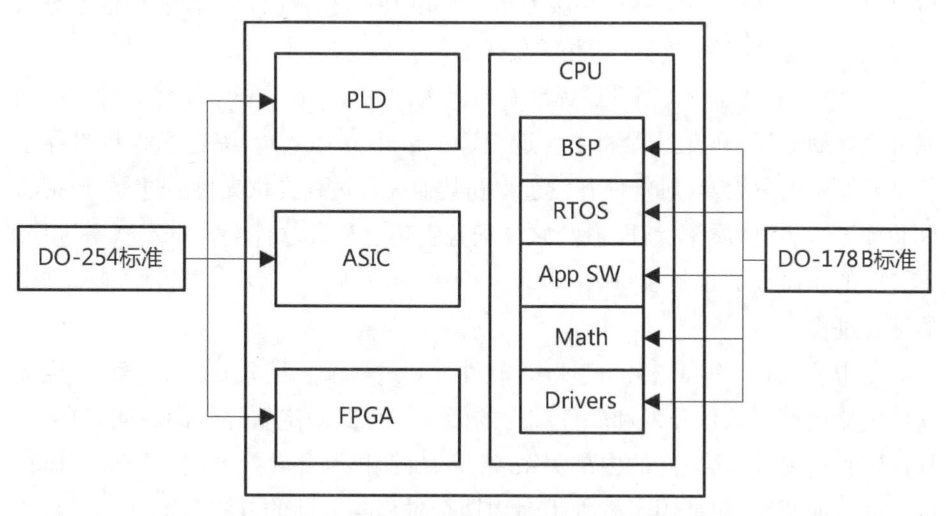

图 3-2　LRU 内部部件的控制和分类

以上就是如何进行项目计划。通过应用以上考虑及策略,实际应用 DO-178 和 DO-254 标准已准备就绪。

译者注:

1. 文中此处提法与 DO-178C 标准有所出入。软件研制的输入来源于系统过程、硬件过程、标准及其他考虑对软件研制的要求。SAE ARP 4761 是输入的来源之一。

(1) 系统研制过程对软件过程的输入包括分配至软件的系统需求、系统安全性目标、软件等级及相应失效条件描述、系统描述和硬件定义、设计约束、计划在软件生命周期过程中实施的系统过程活动等。

(2) 硬件研制过程至软件过程的输入包括用于软硬件集成的需求、硬件验证和软件验证需协调的问题、已标识的软硬件之间存在的不兼容等。

(3) 就标准而言,软件研制一般应遵循 DO-178C 标准或其他符合性替代方法的要求,但当使用了特定的软件开发方法后,则需综合考虑标准对特定方法的要求。如采用基于模型的软件研制方法后,必须综合考虑 DO-178C 和 DO-331 标准对软件研制的要求。

(4) 其他考虑主要指系统或软件本身对研制的特定要求,机载软件的研制可能面临多种复杂的情况，如多版本非相似软件、非激活码、用户可修改软件、参数数据项、先前开发软件（PDS）、工具鉴定或其他包括形式化方法、穷举输入测试、软件可靠性模型及软件产品服务历史等在内的符合性替代方法，软件策划时需综合考虑对这些特殊考虑的相关要求。

2. 此处提法与DO－178C标准有所出入。DO－178C标准中将软件生命周期分为计划过程、开发过程和综合过程（integral process）。综合过程指贯穿于软件开发全生命周期，对软件开发过程和其他综合过程提供支持的过程，包括软件验证过程、软件质量保证过程、软件配置管理过程及软件合格审定联络过程。本文中的正确性验证过程（correctness process）等同于DO－178C标准原文中的综合过程。

3. 按照DO－178C标准的要求，软件计划过程须满足7个目标：第一，定义软件生命周期中软件开发和软件综合的活动；第二，确定软件生命周期，包括各软件研制过程、活动之间的内部关系、顺序、反馈机制和转换准则；第三，选择软件生命周期环境，包括用于软件生命周期全过程各活动的方法和工具；第四，如适用考虑对以前开发的软件的使用、工具鉴定及其他替代方法等问题的处理；第五，定于软件开发所应遵循的标准，包括需求标准、设计标准和编码标准；第六，编制符合要求的软件计划，包括软件合格审定计划、软件开发计划、软件验证计划、软件配置管理计划、软件质量保证计划；第七，确定软件计划的评审及修订方法，使软件计划的开发和修订协调一致。针对这7个目标需要采取大量活动，本文仅罗列了少部分活动。

4. 此处涉及穷举测试的应用。根据DO－178C标准12.3.1节的说明，如果机载系统或设备中的软件部件是简单部件，可以从其他部件中分离出来，且软件的全部输入和输出可以明确界定，那么可以使用穷举测试方法作为符合性替代方法。使用穷举测试的活动包括：第一，分析整个系统，分离并确认对软件的所有输入；第二，定义软件有效输入和输出的所有组合；第三，开发穷举测试用例及测试规程的理论说明；第四，开发测试用例、测试规程及测试结果。其中，简单部件指可以通过单一的验证手段证明其正确性的部件。在以上要求中，定义所有有效输入和输出的组合是一项十分苛刻的要求，如一个飞行控制软件有100个输入，那么所有可能的输入组合就有2^{100}个，事实情况不仅如此，因为输入不可能都是布尔量。当存在浮点值输入值时，必须考虑对浮点值的等价类划分，这使得组合情况更加烦琐。因此，普遍看法是穷举测试对复杂软件一般不可行。

5. 根据咨询公告AC 20－115D，DO－178C标准及其附件提供了一种可接受的，在机载系统及设备合格审定或技术标准规定（technical standard order，TSO）授权批准过程中表明软件研制与适航规章要求相一致的符合性方法，但并非唯一方法。同时，在DO-178C标准中也提出了形式化方法、穷举输入测试、软件可靠性模型及软件产品服务历史等符合性替代方法。

6. 20世纪90年代发布的系列国际标准，如DO-178标准、能力成熟度模型（capability maturity model，CMM）等均基于过程保证质量的理念。如果对复杂系统不可能通过穷举测试保证其正确性，那么对A级软件的10^{-9}要求可否通过可靠性模型实现？有文献讨论通过软件可靠性模型表明软件符合性，但对此存在很大争议。普遍观点认为由于对软件无法穷举测试，软件总会失效，即软件失效的概率是100%，因此通过可靠性模型表明符合性似乎是个伪命题。对此，DO-178C标准12.3.3节指出，DO-178C标准不对通过可靠性模型表明符合性这种方法提供给指南，因为直到DO-178C标准发布时现有的所有可靠性模型不能够提供符合性所要求的置信度，那就只能使用过程保证方法。

7. 作者此处含义是，即便如此对手可能真的无法顺手牵羊、坐享其成。过程的建立必须根据研制单位的具体情况制订，DO-178C标准仅定义过程和过程的目标，而过程及目标如何实现，每一个研制单位都可能不同。一个研制单位不可能通过简单的复制其他单位的过程来实现DO-178C标准所要求的过程和目标。

8. 此处作者在此强调不可能有一个满足所有人要求的标准，对于DO-178C标准，必须针对研制单位的实际情况，对如何实现目标进行定制、剪裁。

4 关键等级

SAE ARP 4761 标准指导安全性评估，用于确定关键等级。有时客户会直接告知开发方软件关键等级。能否通过友好协商的方式降低客户要求的关键等级？答案是不行。

DO-178 标准中定义了软件的关键等级。A 级是最严格的，其失效会导致部分或全部乘客罹难。其下是 B 级，这一等级失效可能导致部分乘客死亡。然后是 C 级，这一等级的失效不会造成乘客死亡，但会造成重伤。D 级失效会造成乘客轻伤，而 E 级失效对飞行安全无任何影响[1]。

对于关键等级 E，可不必执行 DO-178 标准，这意味着如果分配了等级 E 级，就并不强制要求将 DO-178 或 DO-254 标准应用于航空电子系统开发之中。对于如盥洗室顶灯或客舱娱乐系统之类的简单系统可否直接定义为 E 级？并非总是如此。盥洗室的顶灯可与独立的电源连接，因此可保持持续供电。如果电源故障，那么还可有电池作为备用电源。为什么要做这样的冗余设计呢？比如说飞机停留在地面上，座舱充满浓烟，机组人员要求紧急疏散。此时绝对不希望被困于盥洗室之中的乘客因为一团漆黑、手脚忙乱而找不着出路。因此，即使是盥洗室的顶灯也应进行 D 级认证。

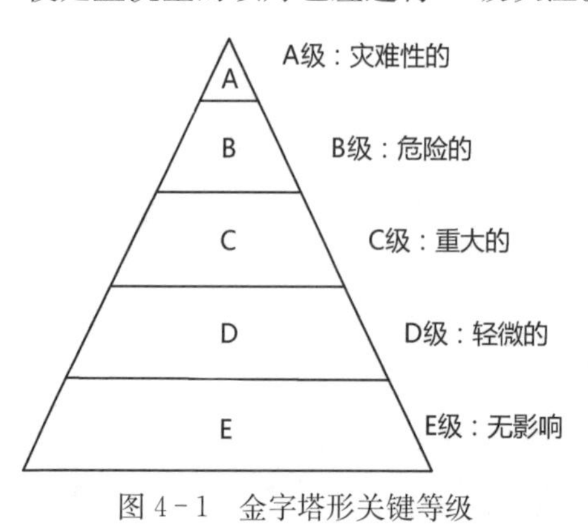

图 4-1　金字塔形关键等级

客舱娱乐系统情况又如何呢？比如座椅后背上的显示器，在飞机飞行过程中，如果不是因为系统故障导致机舱浓烟弥漫，那么它看似并不重要。而在座舱中，浓烟往往又是导致机毁人亡的罪魁祸首之一。调查人员有时发现娱乐系统与座舱系统主电源共享一个总线。因此，关键等级是非常重要的，即使是互不相关的系统之间也是如此。金字塔形关键等级如图 4-1

所示。

(1) A 级：灾难性的，经常导致飞机损坏和乘客全员死亡。这种情况可能仅仅是因为机组人员过高的工作负荷造成。一些功能丧失不期而至，飞行员全神贯注处理问题时灾难就降临了。这种灾难不一定是因为系统故障或错误指示造成，可能是因为飞行员工作负荷过重而无法保持正常飞行。

(2) B 级：危险的。也许不一定造成全部人员死亡，但是有导致危险的可能。

(3) C 级：重大的。可能造成人员受伤和飞机失控。

(4) D 级：轻微的。可能造成一些影响，但是飞机能够克服这些影响，驾驶员能保持其操控。

(5) E 级：无影响。由系统安全性评估过程确定这些关键等级。如果软件关键等级是 E 级，则需要说明确定为 E 级的原因，不能仅仅对 FAA 说明："E 级，无关紧要。"如果客户没有说明 E 级的理由，则开发方必须予以说明。

在通常情况下，在设计一个产品或满足 TSO 时，需要澄清其对应的关键等级。DO－178 标准附录 A 中给出了每个关键等级需要的工作，关键等级对比如表 4－1 所示。这往往是学习和研究的焦点所在，在其中也许能发现一些捷径，但与其对这些捷径不厌其烦、不遗余力地论证和说明，还不如老老实实遵循标准要求，这样反而花钱少见效快。

表 4－1　关键等级对比

DO－178 标准要求	A 级	B 级	C 级	D 级
独立性等级	高	中	低	非常低
低层需求的必要性	是	是	是	不
语句结构覆盖	是	是	是	不
判定/条件结构覆盖	是	是	不	不
MC/DC 结构覆盖	是	不	不	不
配置管理	严格	严格	中级	低级
源代码与目标码关联	是	不	不	不
需求与目标机关联	是	是	不	不
架构及算法验证	是	是	是	不
代码评审	是	是	是	不
SQA 转换准则	是	是	是	不

(1) 语句结构覆盖。适用于 A 级、B 级及 C 级。

(2) 决策条件覆盖。C 级不要求，仅适用于 B 级和 A 级。MC/DC 仅适用于A级，这是DO-178B的特定要求。它不仅是测试，而且是分析。许多人认为他们必须不断地测试以达到结构覆盖要求，但其实MC/DC并不仅仅是覆盖率，也并非一定通过测试实现，在没有其他替代方法的情况下，甚至可以完全通过分析获得[2]。

（3）配置管理。随着关键等级的提高而越来越严，大多数DER（和FAA人员）基本都口执一词："随着关键等级的提高，我们的要求会更加严格。"

然而，"严格"是一个模糊的词汇。DO-178标准并没有指出A、B和C级之间在配置管理方面的显著不同，但是随着从C级至B级到A级，管理会越来越严格。换句话说，问题报告、配置管理及状态管理过程必须更加准确，要求更多的输出、更详细的说明和更严格的变更管理。

之前从未有人对不同关键等级的配置管理写出不同的过程，但是DER对A级要求更严格的执行过程，而对C级则有所放松。

（4）源代码与目标码关联。仅适用于A级。FAA对飞机制造商会发布一些用于解答特定问题的文件，例如，如果使用了一款编译器，那么许多人希望使用基于宿主机的编译器在宿主机上对系统进行测试，因此就使用交叉编译。同时，软件研发人员也希望通过对代码优化以缩小目标码大小或提高执行速度，这往往通过编译时的"优化"选项。但能否测试或鉴定编译器？回答是否定的，这项工作会因工作量巨大而无法完成，如果某人认为可以对编译器进行彻底测试，那么简直就是天方夜谭。此外，通过编译器产生的目标码其实最终是经过测试的，其中当然也就隐含了对编译器的测试。但对A级系统，必须要对编译器有充分置信度，因此对A级系统附加一个严格步骤："源代码与目标码对应"，以显式地验证编译器将源代码转换为预期的目标码。

如果在仿真环境中测试，则所得结果能否直接用于最终装机飞行？答案是不行，因为最终具有"置信度"的测试必须在真实目标机上使用真实目标码进行。为获得测试的置信度，需要将目标码与源代码做比较，最好在目标机上从始至终使用同一编译器。对于A级系统，通过在目标机上进行测试，表明源代码被正确地编译为目标码。换言之，源代码由编码人员开发，通过编译器形成目标码，需要表明源代码和目标码都应是正确的。

源代码生成工具需要进行工具鉴定，原因是它使DO-178标准中要求的某些步骤自动化，从而不需要人为干预编码过程。工具一旦通过鉴定，即可用于编码过程中，原因是代码如何生成、如何编译及目标代码如何产生均已经得到明确。目前已有四个或五个系统能够自动生成代码并检查代码生成过程，已具备源代码与目标码的对比功能。

FAA并不审定产品工具。随着关键等级的提高，需要的证据和工作量就越多，从C级开始要求代码评审，对D和E级则不作要求。

(5) 软件质量保证(software quality assurance, SQA)转换准则。从C级开始要求代码评审及架构需求，其对应的绝大多数工作是伴随自C级、B级至A级的结构覆盖分析活动完成。

对软硬件关键等级的确定基于顶层过程，因此在PSAC和PHAC中只需要声明安全等级，如等级A，并描述过程，没有必要过多说明等级分配的理由。客户的安全性分析过程支持等级的确定，阐述等级理由应由用户负责，通常研制方只被告知等级分配结果。

应时刻铭记，关键等级的确定必须通过完备、彻底、慎之又慎的安全性分析过程。安全性分析过程确定整个系统及系统内各部件对安全性的影响，进一步确定关键等级及系统架构。

译者注：

1. 此处有关软件关键等级的定义与DO-178C标准2.3.3节略有出入。A级软件指经过系统安全性评估过程表明其异常行为将导致系统功能失效进而产生航空器灾难性失效情况的软件。B级软件指经过系统安全性评估过程表明其异常行为将导致系统功能失效进而产生航空器危险失效情况的软件。C级软件指经过系统安全性评估过程表明其异常行为将导致系统功能失效进而产生航空器重大的失效情况的软件。D级软件指经过系统安全性评估过程表明其异常行为将导致系统功能失效进而产生航空器轻微的失效情况的软件。E级软件指经过系统安全性评估过程表明其异常行为将导致系统功能失效，但不会影响航空器的工作性能或增加驾驶员工作负荷的软件。

2. 此处说明，在基于需求的软件测试中，并未要求完全使用测试用例实现测试用例对需求100%的覆盖同时实现对源代码100%的MC/DC，可以使用分析辅助测试的方式，但必须做出合理性解释并经过审定机构或DER的允许。使用分析的原因是在某些情况下，基于测试用例的源代码覆盖分析并非完全可行。使用测试用例执行结构覆盖分析的原理是对源代码进行插桩，而后用测试用例驱动插桩后的源代码执行，获取覆盖率信息。根据插桩技术的不同，覆盖率信息获取的方式也不同，覆盖率信息获取一般通过实时输出(运行时通过外部接口实时输出)或异步输出(运行时写内存，空闲后通过外部接口输出)方式。在某些情况下，如操作系统的内核函数、网络通信的核心协议处理等，对源码插桩后，获取覆盖率信息会影响代码的运行时序、导致运行错误，或无法运行。对一些特定系统，如单片机脉冲发生器，内存资源非常有限，无外部接口，导致无法插桩，即便插桩也无法输出覆盖率信息。虽然目前可使用目标码执行监控的方式获取覆盖率信息，但是工具专用，且需要特定工装支持，代价巨大。在此情况下，可使用覆盖率分析报告的方式对覆盖率进行补充。

5 合格审定

FAA不审定软件，只审定系统，并且审定工作可以通过若干方式实施，包括技术标准规定批准书（technical standard order authorization，TSOA）、补充型号合格证（supplement type certificate，STC）。对于新研飞机，有型号合格证（type certificate，TC）和更改型号合格证（amended type certificate，ATC）[1]。

TSOA与STC的对比如下所述：

（1）**TSOA**——针对如近地警告系统（ground proximity warning system，GPWS）、无线电、气象雷达之类的产品。

a. 批准作为“电子设备”用于不同的飞机之上。

b. 设计和生产双重批准。

c. 不含部件安装批准。

（2）**STC**——在非新型号审定时，对型号设计变更的批准。

a. 对飞机重要的变更。

b. 适用于型号许可证及非型号许可证持有者。

c. 含部件安装批准。

在实际工作之中，没有人为每架飞机制造专门的电子设备。诸如导航无线电之类设备一般被设计满足一个最低标准的要求，然后按照该产品类别的技术标准规定（TSO）进行合格审定，但该产品是否就此符合适航要求可装机使用？在许多情况下，如对飞行控制和飞行显示系统，具有另一种合格审定过程，被称为补充型号合格证，这专门针对生产后安装在服役飞机上的设备。对于原始飞机制造商，应称其为型号合格证，指对系统如何在飞机上安装及其具体功能进行的合格审定。

对于运输类飞机，航电设备安装的具体规定在FAA适航规章25部1301款和1309款当中；对于小型飞机，在23部1301款和1309款当中；对于直升机，在29部1301款和1309款当中。这些规章规定装机系统必须满足其预定功能，这就是引入DO－178和DO－254标准的原因。为满足这些要求，FAA以咨询通告（AC）的形式发布了一份指南，该指南明确航空无线电技术委员会（RTCA）文件DO－178标准可以作为表明软件符合以上要求并满足预定功能的方法。

术语定义如下：

（1）**合格审定**：一个完整的系统进行合格审定，其中的部件可以具有不同的审定等级。

（2）**可审定的**：在与系统一起进行合格审定之前，一个系统内的部件已具备最高级别的审定状态。

（3）**鉴定**：对于工具的审定，因为工具本身不装机使用，因此就不需要"合格审定"。

（4）**符合**：通过FAA以外的机构，如军方或非商用航空电子设备机构进行的认证。

如绿山公司的Integrity－178之类的操作系统是可审定的，但工具、其他部件或板级支持包因为只能在与其他软件部件集成在一起时才能验证，因此不能单独审定。根据DO－178标准，工具需通过鉴定，而不是合格审定。

可否鉴定一个信号发生器？可能不需要，只有开发过程中使用的特定设计及验证工具才需要进行鉴定。对实验室中生成测试波形的工具，也不需要鉴定。对配置管理工具也不需要鉴定，因为其输出将被后续的DO－178标准步骤验证。

DOORS和Synergy或使用的任何管理工具都不需要鉴定，因为它们与实际的验证或开发无任何关系，同时其输出将会被随后的DO－178标准步骤验证。

"符合"是一个新的术语，自从军工等行业涉入后，需要表明其与DO－178标准（很快也会要求与DO－254标准）某种形式的符合。军工行业有种趋势即根本不进行合格审定，只行合格审定之实，不做合格审定证书发放之事。"符合"的基本含义指能够满足DO－178标准的要求，因为已通过充分的工作证明与DO－178标准的符合性。这种"符合"与DER寻找符合性证据有何不同？可以说基本一致，或毫无差别，仅有的区别在于DER不会在表格（如8110－3）上签字表明通过合格审定，因为这样的表格只有在通过FAA认可后才有效。通常的做法是DER或熟知合格审定的人员陈述表明在经充分的审查工作后，工作产品已符合DO－254或DO－178标准的要求，不过，这种做法尚未应用于FAA实际工作之中。

译者注：

1. 根据CCAR－21－R4的规定，对于民用航空产品和零部件的型号合格审定、生产许可审定和适航合格审定，中国民用航空局(Civil Aviation Administration of China，CAAC)主要有以下几种类型的批准方式：

(1) 型号合格证(type certificate，TC)。

(2) 补充型号合格证(supplement type certificate，STC)。

(3) 改装设计批准书(modification design approval，MDA)。

(4) 型号认可证(validation of type certificate，VTC)。

(5) 补充型号认可证(validation of supplement type certificate，VSTC)。

(6) 零部件设计批准认可证(validation of design approval，VDA)。

(7) 生产许可证(production certificate，PC)。

(8) 零部件制造人批准书(parts manufacture approval，PMA)。

(9) 技术标准规定项目批准书(certificate technical standard order approval，CTSOA)。

(10) 适航证。

(11) 出口适航证。

(12) 外国适航证认可书(validation of foreign airworthiness certificate，VAC)。

(13) 特许飞行证(special flight permit，SFP)。

(14) 适航批准标签(airworthiness approval tag，AAT)。

上述批准方式的简介如下：

(1) 型号合格证(TC)是审定机构对民用航空器、航空器发动机、螺旋桨设计批准的合格凭证。

(2) 当型号合格证持有人对型号设计进行型号大改时，该证件持有人可以申请补充型号合格证(STC)，或者申请对原证件的更改。当非型号合格证持有人对民用航空产品的型号设计进行型号大改时，该申请人应当申请补充型号合格证(STC)；进行小改时，该申请人可申请改装设计批准书(MDA)。

(3) 型号认可证(VTC)是对进口航空器、航空器发动机、螺旋桨的型号合格证及其数据单(外国适航当局颁发的)认可批准的凭证。中华人民共和国的任何单位或个人，进口外国生产的任何型号的民用航空器、航空器发动机、螺旋桨，如系首次进口并且用于民用航空活动时，必须取得CAAC颁发的型号认可证，才准予进口。

(4) 如果民用航空产品已获得型号合格证或者型号认可证，那么国外适航当局颁发的补充型号合格证持有人可以申请补充型号认可证(VSTC)。

(5) 对于在国外设计和制造的零部件，该零部件属于与中国签署民用航空产品进口和出口适航协议或者备忘录的范围内的，且设计国已经进行了合格审定，零部件制造人已通过其设计国当局向局方提交了申请书及一套适用性能标准要求的技术资料的副本，经局方资料审查，并在必要时进行实地检查后，确认提交审定的零部件符合适用的技术标准规定的，颁发零部件设计批准认可证(VDA)。

(6) 生产许可证(PC)是指适航部门对已获得民用航空产品型号设计批准，并欲重复生产该产品的制造人所进行的资格性审定，以保证该产品符合CAAC批准的型号设计。生产许可审定的最终批准形式是颁发生产许可证，生产许可证长期有效、不得转让。

(7) 当在已经获得型号合格证书的产品上进行加改装或更换零部件时，若该零部件未曾经局方批准，则零部件制造人应取得零部件制造人批准书(PMA)后方可进行生产。零部件制造人批准书是对零部件进行适航批准的常见方式，其批准包含了对零部件设计、生产和安装的批准。

(8) 技术标准规定项目批准书(CTSOA)是局方颁发给符合特定技术标准规定(CTSO)零部件(CTSO件)的制造人的设计和生产批准书。除技术标准规定项目批准书的持有人外，任何人不得用CTSOA标记对CTSO件进行标识。按照技术标准规定项目批准书制造的零部件，只有得到相应的装机批准，才能安装到航空器上使用。

(9) 适航证是民用航空器符合CAAC批准的型号设计，并能安全使用的凭证。民用航空器只有取得适航证后，方可投入飞行或营运。

(10) 在申请外国适航证认可书时，申请时需要出具航空器制造国或者航空器出口国适航当局颁发的出口适航证。

(11) 对于合法占有、使用具有外国国籍和适航证的民用航空器的中国使用人，可以申请该航空器的外国适航证认可书(VAC)，或者申请另发适航证。

(12) 特许飞行证(SFP)是对尚未具备颁发有效适航证的条件，但已能安全飞行的航空器，根据需要做特定用途飞行时，申请颁发的证件。

(13) 适航批准标签(AAT)是在依据零部件制造人批准书生产的材料、零部件和机载设备上标明该产品的设计与生产符合相应适航要求的标志。

6 成本和效益

DO－178 标准是否真的如此昂贵？是否增加软件价值？是否能提高安全性和可靠性？其真实的成本效益如何？这些问题都需要澄清，给予正面回答。

一般来说，DO－178 和 DO－254 标准对成本的增加不会超过 20％～40％。当然，这需要对成本和进度进行密切关注，因为它们和最初的预算紧密相关。根据多年的经验，在实际工程实践中一些公司研制成本会增加 75％～150％，甚至200％，为何差距如此悬殊？

原因是多方面的，可能源于工程实践未经很好的定义，或毫无意义的讨论和协商浪费大量的时间，也有可能源于外行的指手画脚。一些 DER 强制要求必须遵照他们的要求实施，如果未遵从这些要求，那么就会增加更多的工作。

即便无强制要求，有些 DER 还是认为需要做单元测试。这是 DO－178A 和 DO－178B 标准之间的一项差异，在 DO－178A 标准向 DO－178B 标准发展过程中，单元(部件)测试的要求有所降级，一些项目在过程标准中定义了单元测试，当然会导致成本的增加。只有在开发过程中定义了单元测试，才需要做单元测试，DO－178 标准本身对此并无要求。DO－178 标准针对的是“系统”，而要实现验证的最好效果就需要在系统或与真实运行状态近似的仿真状态下实施。单元测试主观性非常强，而 DO－178 标准强调的是确定性而不是主观性[1]。

单元通常被定义为一个单入口/单出口的具有紧密关系的软件单位。有人说：“不，我们的单元指大型部件、类、大型的类、类的组合或程序整体。”果真这样，就需要在标准中明确定义。如果要执行单元测试，那么就应明确定义单元的含义，将单元与软件的功能和需求关联在一起。

C－17 项目针对一个新的天气雷达软件工作两年时间，全部工作就是执行软件结构覆盖分析，实施软件验证以确保其运行正确。在验证期间没做一次单元测试，试想一下十四个数字信号处理器(digital signal processor, DSP)和两个 PowerPC 处理器协同工作需要多么大的代码量和多少单元。如果进行单元测试，那么估计还得再花两年时间；同时，这么大工作量的成本也会高得很惊人。不过，如果在过程当中定义了单元测试，那么就必须按照要求执行。

1）成本与关键等级

首先，考虑不同关键等级对成本的影响。随着关键等级的上升，文档、设计、评审、实现、验证的要求也将更加严格，相应地，成本和研发周期也会增加。图6－1和表6－1列出了DO－178标准中成本随关键等级变化的情况。

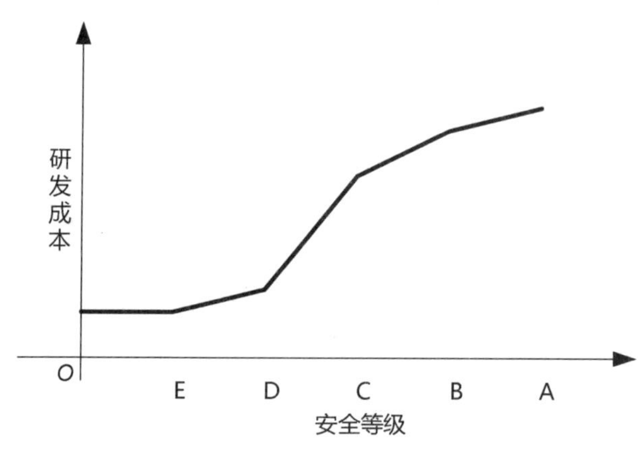

图6－1 DO－178标准中不同关键等级的成本上升曲线

表6－1 DO－178标准中不同关键等级的成本

关键等级	E级	D级	C级	B级	A级
成 本	基准	E+5％	D+30％	C+15％	B+5％

如果对A、B、C、D级软件的研发成本进行研究，就会发现由D至C成本增加最显著。随着等级的进一步上升，成本增速放缓。A级和B级之间差别并不大，主要不同是MC/DC要求。

其次，关于DO－178标准是否昂贵的“神话”。如上所述，即便是D级软件也需要完整的策划、实现、评审和基本测试。配置管理、质量保证和DER联络适用于D级，但D级的成本几乎不会高于任何非合格审定的项目，原因是即便是D级也是由常规和“良好”的软件工程准则构成。

最后，另一个“神话”是说当由B级到A级时成本会显著飙升。这种说法显然不正确，实际上DO－178标准的成本差别主要出现在D级和C级之间，为何如此？原因是C级增加了D级没有的要求，导致C级的预算和研制周期增加30％：

（1）测试低层软件需求。

（2）确保所有源代码100％语句覆盖。

（3）评审更加严格。

（4）在许多情况下，对配置管理更加严格。

B级要求结构覆盖（判定条件，覆盖源代码中的所有分支）、评审的独立性及更加严格的配置管理。

一个误区是，乍眼一看，B级的成本似乎应远高于C级（比如高出50％～70％）。从理论上分析这个结论似乎成立，但是在实际工程实践当中，结果并非如此。在B级（及C级）当中，要求产生详细的低层需求，这些低层需求必须通过完备的测试。在基于需求的测试中，如果测试记录工具和覆盖分析工具使用得当，绝大多数（70％～90％）源代码分支已经覆盖，那么就不需要额外的结构覆盖测试[2]。因此，表面上看来因为结构覆盖要求而引起B级与C级间的成本差异，实际上已经通过基于需求的测试有所减轻，并且增加的结构覆盖要求基本上都是通过预先鉴定过的，诸如VectorCAST之类的工具自动化实现，大大提高了工作效率。软件质量工程团队将独立评审、严格配置管理等活动流线设计，几乎半自动化，因此B级成本的增加其实并不是如此显著。笔者强烈建议本书读者接受DO-178标准培训，开展DO-178标准过程改进，以掌握此类降低成本的技巧。

另一个误区是A级是最高的关键等级，应该最昂贵。关于A级另一个的说法是："A级难以实现，成本至少要比B级高出30％～50％。"这种说法是错误的。A级要求更加严格的结构覆盖（MC/DC测试）、鲁棒性及相关需求、更严格的评审，其中MC/DC测试要求是A级成本增加的主要原因。不过，通过正确应用当前结构覆盖工具、人员培训及基于需求的测试，这些增加的成本基本上是可控的[3]。

DO-178标准当然不是免费饕餮，但如果实施得当则能大大节约成本。若非如此，为何如此众多单位采用DO-178标准？

2) DO-178标准的价值

基于实际的工程经验，总结DO-178标准的价值如下：

（1）更明确的需求。DO-178标准要求完备、细致的软件需求。这种细致和完备性要求尽早回答问题，而不是一味拖延。如此一来，需求中的假定被降至最低，需求的一致性和可测试性得到保证，通过检查可追溯性，由需求缺失和错误导致的迭代和返工将大大减少。

(2) 更少的编码迭代。编码迭代或频繁改动是软件工程的祸害之一。在许多情况下，对一项新产品往往存在 1.0、2.0 甚至 3.0 个版本的代码。这简直无法容忍，因为代码应该在第一次编写时就基本正确，而不应该通过数次升级完成。代码同时应通过评审，重点分析实现与书面需求之间的一致，使用可靠的代码分析工具可以进一步减少代码迭代。

(3) 更少的单元测试缺陷。DO-178 标准强制要求完备的需求可测试性及代码评审，因此在单元测试过程中缺陷会大幅减少，独立代码评审则更会彰明较著。

(4) 软件内部更强的一致性。软件就像一根链条，整体强度取决于其中最薄弱的环节。如果软件 99%正确，只有 1%不正确，那么仍然意味着此软件不安全。最薄弱的软件模块或软件工程师往往对软件的安全起到至关重要的作用，DO-178 标准强制要求任何软件应与其关键等级保持一致。DO-178 和 DO-254 标准都是关于确定性的。

(5) 集成过程中更少的缺陷。集成过程可能是一个漫长的迭代过程，引发设计变更的缺陷都将在此过程中被发现并处理。按照 DO-178 标准要求进行集成，要比在非 DO-178 标准要求的环境中快 50%～75%。

(6) 更完善的配置管理。对项目进行当中某种状态进行控制和复现的能力属于配置管理的范畴，除此之外，配置管理也确保信息安全、备份、完整的审核、问题报告和版本控制。DO-178 标准当中严格的配置管理，加上当前工具的使用使系统能够自动完成许多配置管理任务并确保软件当前和将来的质量。

(7) 更彻底的测试。这个会受到硬件的影响。

(8) 回归测试更容易。软件开发商研制软件，总是假设其成功并且具有较长的使用寿命。而软件总是通过新应用、安装和改版不断发展变化。回归测试会因为变更范围较广或人工完成变得非常昂贵，而 DO-178 标准提供了完备的追溯性以确定需要变更、分析或再测试的模块。

(9) 提升硬件的集成能力。目标软件的集成对嵌入式系统是一个挑战，不同的工程设计团队所使用的开发环境与目标环境不尽相同。DO-178 标准强制要求受到硬件影响的软件部件必须在硬件上进行测试，如软硬件接口、中断、定时、板级构件、BSP/RTOS 等，通过 DO-178 标准提升这些部件的确定性和质量将有助于硬件集成。

(10) 外场故障较少。无论是短期或长期的外场故障、客户退货和召回都会造成成本大幅上升，产品按照 DO-178 标准开发将会减少 80%～90%的客户退货。

(11) 提升重用性。DO-178 标准所要求的完备和一致的文档、模块化、现代工程设计准则的实施及保障以上活动的评审大幅提升了软件的重用性(软件的重用性是至关重要的)。在现实中,除非一个软件构件的80%以上是重用的(如不变的),否则全新开发将更加快捷并更少风险,而大多数软件的重用率不到50%。执行DO-178标准,实施设计/编码标准及其关联的独立评审和追溯性要求,大部分模块90%以上是可重用的。

(12) 提升用户满意度。可靠的软件会赢得更多的用户市场。

(13) 降低单点人为故障。软件是工程技术的艺术,艺术家往往特立独行,极不情愿将其工作文档化,或遵从共用开发标准及同行评审的要求。如果没有了标准、规则和现代软件工程的原则,那么软件开发团队就会变成一群松散的、各自为政的艺术家。毋庸置疑,这些艺术家颇具价值、极富创造力并天资极高,但是任何这样的一位艺术家的过失或失误对于团队来说都将会是灾难性的。所有的工作必须文档化、充分理解并一致执行,DO-178标准以此显著降低单点人为故障的可能性。

(14) 强化对实际进度状态的管理意识。有多少软件项目每周都报告"完成了99%的工作"? 软件项目的进展如何度量? 管理如何真实确定软件的完成情况? DO-178标准给出了准确、详细的管理技术,对设计、开发、测试、集成及评审提供内在的、可追溯的、准确的状态。

(15) 改进的完成进度计划。"规范保障成功",DO-178标准确保项目完成和质量状况持续满足要求。

(16) 广泛的市场认可度。DO-178标准提供家喻户晓、广泛接受的可靠性证据,安全关键软件广泛应用于航空、医药、运输、能源等领域,以及娱乐行业(如游乐园)。这些领域均涉及生命安全,需要不断提升安全性和可靠性。

(17) 进一步领先于竞争对手。市场存在竞争,这意味着他人会采用你的产品中的最佳特性,使你的产品不再突出,处之奈何? 只能使自己的产品不断发展,以和他人有所区分,公司和产品只能在不断的发展中求生存,证明可靠性、证明质量、证明对用户的价值。DO-178标准远非橡皮图章一枚,将帮助你向客户证明这一切。

DO-178标准具有如下所述的优势:

(1) 事先明确的要求和试验项目。

(2) 较少的现场故障。

(3) 较少的代码迭代。

(4) 提升用户满意度。

（5）在单元测试过程中故障较少。

（6）提升可再用性。

（7）软件内部较高的匹配性。

（8）降低单点人为故障。

（9）集成过程中故障较少。

（10）提升对实际进度状态的管理意识。

（11）改进配置管理。

（12）进一步确保上述进度的完成。

（13）回归测试更容易。

（14）扩大市场认可度。

（15）更周密的测试。

（16）进一步领先你的竞争对手。

（17）提升硬件集成性能。

鉴于DO－178标准的上述优势，军工行业采用DO－178标准的原因如下：

（1）促进工业上采用统一的标准。

（2）提升系统的可靠性。

（3）提升软件质量。

（4）降低生命周期成本。

（5）更高的重用性。

译者注：

1. DO－178C标准明确了三种类型的软件测试：第一，软硬件集成测试——验证软件在目标计算机环境中的正确运行；第二，软件集成测试——验证软件需求及软件部件之间的内部关系，验证软件架构对软件需求和软件部件的正确实现；第三，低层测试——验证软件低层需求的实现。同时说明，如果测试用例及其相应的测试规程是为了软硬件综合测试或软件集成测试的目的而开发，并且满足基于需求的覆盖率要求和结构覆盖率要求，那么就没必要再重复进行低层测试。因此，如果在软硬件集成测试中满足了需求测试覆盖分析和结构覆盖分析的要求，那么无论软件等级，就不再需要进行软件集成测试和单元测试。

2. 此处含义是说，基于需求产生的测试用例可直接实现对源代码70％～90％的结构覆盖，本文作者将此作为一件非常正常的事情，达到这样的结构覆盖水平，要求需求与代码之间高度一致。在国内机载软件研制的工程实践中，往往却不是这样，由于采用“半逆向”研发模式，先使用以前项目的源代码进行联调联试，而后再开发需求，因此使需求和源代码之间的追溯性不十分完备。译者在国外机载系统研制单位的工作经验是，国际先进企业基于需求的测试第一次就可实现85%～90%的覆盖率，在增加部分手工分析后即可实现软件测试的目标。而国内研制单位第一次覆盖率分析好一些的单位可以到60%～70%，差一些的大概40%，而后只能返回需求阶段进行需求细化、补充、完善，这样会导致研发成本大大增加。

3. A级软件成本增加的另一个原因是目标码覆盖分析。结构覆盖率分析可以在源代码级进行，除非软件等级为A级且编译器产生的目标码不能直接追溯到源代码语句，对这种情况应在目标码级进行附加验证，以确定已产生的代码顺序的正确性。目标码覆盖分析是A级软件的关键技术之一也是造成A级软件开发成本居高不下的主要原因之一。

7 军用认证

在过去的几十年里，许多军工组织均按照国防标准，包括 DOD-STD-2167A、MIL-STD-498、MIL-STD-882 等实施软硬件研发[1]。由于应用目的“不同”，因此这些组织有足够的理由使用非商用领域的标准。为了贯彻落实军方的核心关注点“任务”，军用企业如此做法基于以下根本原因：

(1) 军用项目比商业项目更加复杂。

(2) 完成任务是高于一切的目标。

(3) 军用项目比民用项目对质量的要求更高。

(4) 军用项目具有较多的供应商需要管理。

(5) 军用项目要求复杂的集成过程。

(6) 军用项目需要较长的飞机服役寿命。

在 DO-178 标准出版之前，这些原因都是合理的。而今，在军用和商用航空电子设备研制之间存在越来越多的共性，原因在于：

(1) 两者本身都非常复杂，都采用复杂的集成。

(2) 两者在漫长的项目过程中都引入数以百计的供应商。

(3) 两者都需要最先进的商用技术。

(4) 两者都越来越关注复用、质量和成本效益。

(5) 越来越多的军用飞机用于商用空域，不希望受到航路和航时的限制。

(6) 供应商同时支持军用和商用领域，需要将其生产线合并。

2003 年，美国军方认识到商用航天航空领域，尤其是 FAA 通过 DO-178 标准管辖的领域，具有某些国防工业不具备的优势。他们面临下列选择：

(1) 保持现状，原封不动。

(2) 根据 DO-178 标准当中的最佳实践改进军用标准。

(3) 直接采用 DO-178 标准（和其后的 DO-254 标准）。

他们的选择是最后一种，即直接采用标准文件。

这绝非易事，对于任何一个组织机构的任何重大决定，都不可避免地面临无法尽数的主张、难以改变的惯例及纷至而来的反对之声，如果再考虑过渡期的成本和政策因素，那么难度超乎想象。而结果如何？DO－178 和 DO－254 标准（尽管在国防工业领域 DO－254 标准滞后于 DO－178 标准）得以逐步推广应用，而且军方对推广 DO－178 标准中的复杂问题也进行了专门考虑。

军方不愿意将监督权拱手承让给 FAA，FAA 也不在其位、不谋其政，不希望干涉军工项目。军工行业对 DO－178 和 DO－254 标准的细节不甚了了，一直在大量使用变化多样、主观性较强的标准。

平心而论，DO－178 和 DO－254 标准的确篇幅短小又含混晦涩，必须经过专家的专项培训才能在现实中良好应用。

由于存在这些因素，因此在做出抉择时，军工行业可能因为要求 DO－178 和 DO－254 标准进一步遵从军用标准，或削弱 DO－178 和 DO－254 标准某些关键部分以适应军用标准而使情况更加复杂。因为标准不同并且常常存在要求相左之处，所以如此做法势必导致矛盾激化。然而，直接的采用，使 DO－178 和 DO－254 标准在世界军工行业得到迅速的推广。

1）符合性和认证

除个别案例外，FAA 几乎不参与军工项目，军工项目也不需要正式认证。取而代之，军工机构常常进行“符合性”审查，他们要求军用项目与 DO－178 和 DO－254 标准的符合性，既不通过认证，也不需要 FAA 的介入。这种审查不需要 DER（尽管建议 DER 参加），一些要求也被放松，包括安全性分析、代码的鲁棒性、源代码与目标码的一致性及 MC/DC 覆盖要求等。

2）差距分析

大多数军工服务机构和供应商都已经建立了严格的质量体系、完善的组织机构和研制过程。在推进 DO－178 和 DO－254 标准时，他们可以重用大部分已有过程、文档及其他成果。即便尚未考虑 DO－178 标准应如何应用，研制过程中 60％～70％已与 DO－178 标准要求是一致的，30％～50％已与 DO－254 标准是一致的。在面临“遵循 DO－178 标准”这一要求时，最有效的办法是实施差距分析，评估现有过程以确定其与完全推行 DO－178 标准（或 DO－254 标准）时的“差距”。差距分析一般由 DO－178 和 DO－254 标准专家花费 2～4 人周完成，通过最大化的复用，可缩短研制单位数年的推进时间。与军工标准对文档的格式要求极其严格不同，DO－178 和 DO－254 标准更具广泛灵活性，因此可以保留和重用大量已有成果。

在实施军用企业DO－178和DO－254标准差距分析时，通过对已审计单位的总结可得出以下差距水平(表7－1中0％差距＝100％符合)：

(1) SEI CMM 1级机构：差距＝70％～90％。

(2) SEI CMM 2级机构：差距＝50％～75％。

(3) SEI CMM 3级机构：差距＝35％～60％。

(4) SEI CMM 4级机构：差距＝25％～40％。

(5) SEI CMM 5级机构：差距＝20％～35％。

基于对DO－178和DO－254标准单项认证活动的考虑，单项认证活动存在的差距如表7－1所示。

表7－1　单项认证活动存在的差距

认证活动	差距/％	认证活动	差距/％
软件合格审定计划	80％	功能测试	5％～10％
软件质量保证计划	20％～30％	结构覆盖测试	90％～100％
软件配置管理计划	10％～20％	配置管理	10％～30％
软件开发计划	40％～50％	质量保证	50％
软件验证计划	60％～70％	工具鉴定	100％
安全性评估	80％～90％	检查单	30％～50％
需求定义	20％～30％	评审	30％～50％
设计	10％～15％	审计	30％～50％
代码	5％～10％	DER联络	100％

根据对200多个于近几年完成的军用项目的分析，上一章中提及实施DO－178和DO－254标准所产生的收益依然适用：供应商活动更加清晰、软件需求更加明确、代码迭代明显减少、软件一致性显著增加、集成过程中故障更少、回归测试更加容易、外场故障明显减少、管理意识显著增强和进度计划明显改善。

译者注：

1. 这三份标准分别为：DOD－STD－2167A《防御系统软件开发》、MIL－STD－498《军用软件开发及文档要求》和MIL－STD－882《国防部标准实践：系统安全》。

DOD－STD－2167A是美国国防部于20世纪80年代末期组织强有力的技术队伍，包括各种不同意见的专家，政府部门、学术界及应用领域中的人才共同研究制定的，是这一时期美国标准化工作的一项重要成果。美国防部规定，凡国防部关键任务计算机资源项目一律要遵守该标准。随着技术的发展，DOD-STD-2167A于1994年11月被美军标MIL-STD-498所代替。究其原因，主要有以下两方面：第一，20世纪90年代初美国全面开展军用标准改革，ARINC 2167A也在改革之列；第二，进入20世纪90年代后，软件工程技术日益普及，软件工具、平台环境开始广泛进展。MIL-STD-498在DOD-STD-2167A的基础上，增加了有关工具、平台、方法的相关内容，对文档的编制要求也更具灵活性，并对软件重用提出了明确要求。另外还引进了软件管理标准，更加强调了软件的可支持性及与系统的联系。

美国国防部（United States Department of Defense，DoD）1967年发布了MIL-STD-882，到2012年5月对其进行了最新版修订，发布了MIL-STD-882E。随着美国国防战略计划和目标的改变及科学技术的发展，该标准的目标从保障武器装备和军事人员的安全向保持环境安全和人员职业健康延伸，标准的技术内容从设备硬件向系统软件扩展，实现系统安全目标的方法也从单项技术向系统集成演变。

8 项 目 启 动

可通过两种方式推进 DO－178 和 DO－254 标准的实施，一步到位方式或逐步推进方式。如果是新手入门，那么推荐一步到位的方式，因为此时存在的差距较大，采用这种方式可避免如同 SEI 软件能力成熟度模型中从 1 级到 4 级漫长的演化过程。如果采用这种方式，那么应立刻终止非正式开发的陋习，将 DO－178 标准作为一个整体融入开发过程之中。不要尝试化整为零，DO－178 标准并不是一堆零散的要求，而是一个整体。这样也可以避免从一个不完善的过程逐步演化到遵从 DO－178 标准这种方式给开发人员带来的迷惑。如果试图通过逐步推进的方式弥补存在的差距，那么带来的问题是：今年培训开发人员实施一部分，明年又培训实施 DO－178 标准生命周期过程中另一个不同的部分，这样会因为过程杂乱无章使开发人员难以理解。

最合理的方式是通过统一过程对软件生命周期的五个计划进行策划，培训人员按照 DO－178 标准要求实施整个系统的开发。在实施差距分析后，将五个关键计划定稿，而后标识需要使用的工具，策划工具鉴定及开展与 FAA 审定机构的协调。一次就完成对总体的策划更加容易，DO－178 标准如同建造一栋高质量建筑，需要的是整体规划而不是对某层的单独设计。DO－178 标准的实施也是如此。

对一个以前从未在任何型号中使用过的操作系统如何应用？可能听过其功能强大，销售人员鼓吹说其可认证。尽管如此，最好还是避免以前从未在任何型号使用过的，诸如操作系统这样的产品。型号项目当然不是“研究”项目，所以最合理的做法是选择如 Integrity－178 这样主流的可认证的操作系统，而后寻求其配套的支持工具。操作系统是系统的“大脑”，必须保证其按照要求工作。

数字信号处理器又如何？DSP 因其快速处理能力而广为使用，但不要使用刚下线的 DSP 芯片。大量的商用件性能优异、表现不俗，但使用时应具有以前型号应用的历史，否则，其设计信息的缺乏将招致项目成为“研究”项目。对 DSP

而言，还应特别关注其支持工具是否符合DO－178标准的要求。DSP对航空电子领域来说还算是“新鲜”事物，与其配套的符合DO－178标准要求的支持工具一直是个短板，今后几年这个短板可能会有所改善，但目前需特别关注。

在为一个新型主流客机工作时，一个大型航空电子公司决定自行开发Ada语言编译器和操作系统。开发过程中，在项目团队编写应用代码同时编译器还在不停地变更。为什么要开发自己的编译器和操作系统？这当然是有益的开发练习，但航空电子系统开发还是应实现按时交付和有所收益，所以使用他人已经开发完成的编译器当然是明智之举。对操作系统和其配套支持工具也是如此，应直接使用已经通过商用市场证明其能力的工具。开发工具的最高关键等级和产品的最高关键等级应保持一致，所以如果产品关键等级为A级，那么开发工具也需达到A级。

合格审定当局更愿意接受有先前使用历史的工具，工具的使用历史通过工具研发公司提供的使用数据证明。如果是以三方工具为基础自行开展工具研发及鉴定，那么成本和开发时间将难以承担。因此，合理做法是选择具有认证背景的工具和产品部件，同时保证供应商能提供相关认证数据。

对DO－254标准综合和仿真工具的要求也是如此，并已被广为接受。这些工具应经过多年的使用，具有由具备高质量产品控制及严格配置管理过程的公司提供的鉴定证据。针对具体项目，可能需要执行对工具的再次鉴定，以确保前期的正式鉴定对本项目仍然充分有效，但对工具的再次鉴定并不需要太多的工作量。这也就是推荐使用已鉴定工具的原因。

有时，制订了项目计划却得不到遵守，而此类情况又绝非少数。究其原因，要么是计划过于空泛，没有定义任何事，要么过于啰唆定义了每件事，这些计划完全没有可操作性（称这些为“特别完美”计划，即特别完美和完全无用）。一份好的开发计划是将实际真正要做的事情清晰而简洁的写下来，并切实执行。

1）项目中常见的问题

（1）不充分的需求和其细化程度。

根据项目经验，一般15～25行代码追溯到一条需求。总的来说，需求越多越好（更多需求的细节），应将需求分解到对设计人员/编码人员不存在任何假设条件为止[1]。当DER或FAA审查低层需求时，根据提供的追溯矩阵，可以直接找到高层需求指向的低层需求。根据这些低层需求编码人员能够直接编写代码，这就如其所望。如果需求定义非常完整，且具有丰富的DO－178标准和航电领域知识，那么一些公司往往将低层需求融入高层需求之中。

融入并不是直接包含，很多公司在软件高层需求中就包含架构信息或低层需求，如在软件需求规格说明中包含所有信息，这其实是一个误区，此类信息需要置于低层需求之中。

有时工程师将编写程序描述语言（program description language，PDL），并将其称为低层需求。如果这些变成了低层需求，那么必须为每一个PDL单元单独编写测试程序，PDL仅仅是实现的另一种表现形式。在开发PDL过程中并没有执行软件生命周期中需求逐步分解细化这个环节，而这个环节其实是非常有益的。所以必须谨慎从事，低层需求需要足够的细化，但是也不能太低，必须达到一种折中平衡。

（2）不充分或非自动的追溯。

项目是否一定建立追溯矩阵？并非如此。DO－178标准要求能够将需求追溯到代码，代码反向追溯到需求，但具体如何操作由个人决定，有时难以想象如果没有类似追溯矩阵的东西如何实现这种追溯关系。要实现这种追溯，如可以简单地将Excel电子表格当作管理工具，将50 000行代码和接近5 000条需求囊括其中，但这将花费大量的时间进行符合性审核。此外，追溯矩阵也是证明达到DO－178标准转换准则要求的有力证据，证明软件遵循了从需求至代码和测试的开发过程。

创建了追溯矩阵是否就完成了质量保证过程？追溯矩阵是质量保证过程的支撑工具，可以对需求到代码、代码到需求进行双向追溯，但一个支撑工具并不意味着就符合质量保证过程。这种追溯应尽量自动实现，由一至两名专职人员跟踪所有需求非常困难，最好将需求追溯矩阵具体到一个自动化工具。该工具可以是项目专用，但最好是整个公司通用的。每位员工学习使用统一的过程建立追溯关系，可起到事半功倍的效果。

（3）不充分的评审造成反复迭代。

很多人编写代码时没有遵循检查单，进入实验室后就开始调试代码，然后他们会说："糟糕！软件有错！"而后再编写代码，再进行调试，反复迭代，很多商用软件开发都是这样。表面上看起来，这种方式立竿见影，项目经理常常因为能立刻看到执行而对这种方式非常推崇。不过，经验表明，这种瞬时的满意难以长久，并且最终将无效。需求和设计并非是在"浪费时间"，因为必须保证需求和设计的正确，必须保证其通过他人评审。在通常情况下，航电软件在交付前会出现两次迭代，一些管理得较好的项目可一次到位，大多数项目至少需要迭代两次以上。如果迭代超过三次，那么肯定是某一环节出现问题，在迭代过程中花费了太多的时间。避免重复返工的最简单方法就是遵循完整的软件生命周期开发方法论，DO－178标准对实施方法的要求是灵活的。事实上任何现代软件开发方法都能满足这一要求，仅需选择其一，在软件开发计划中予以描述，遵照执行即可。

（4）功能测试中缺少覆盖考虑。

C级及以上的软件项目要求代码结构覆盖和语句覆盖，这一要求不能与基于需求的功能测试相分离。

伴随基于需求（功能）的测试，通过结构覆盖分析应能够达到60％～70％的覆盖率。此时，不是说“将要开始正式的结构覆盖分析”，因为结构覆盖分析已经开始。有人对“正式”与“非正式”心存疑虑，对DO－178标准没有“非正式”一说，所有活动均为“正式”活动。在编写需求的同时，就应该编写对应的测试用例。同样地，当代码就绪准备测试其功能性需求时，结构覆盖分析活动也应同步开展。

（5）缺少自动测试。

测试设备准备完毕，一切就绪之后，接下来就进行测试用例的编写工作。手动测试相对简单，只需加载软件，提供各种输入激励，然后读出软件运行结果。自动测试还是众望所归，未实现自动测试的主要原因是自动测试需要大量的投资，管理层不接受自动测试的原因是自动测试需要额外的开发工作，所以许多项目出现的情况是软件变更频繁发生，回归测试不断进行。这是一项花钱如流水般的人力密集型活动。与其如此，不如在项目早期增加一些资金和人力投入实现测试自动化。尽管这个观点已经在软件界达成了共识近40年了，然而至今没有很好地贯彻实施。

2）DO－178和DO－254标准的金字塔原理

DO－178和DO－254标准的金字塔原理如图8－1所示。

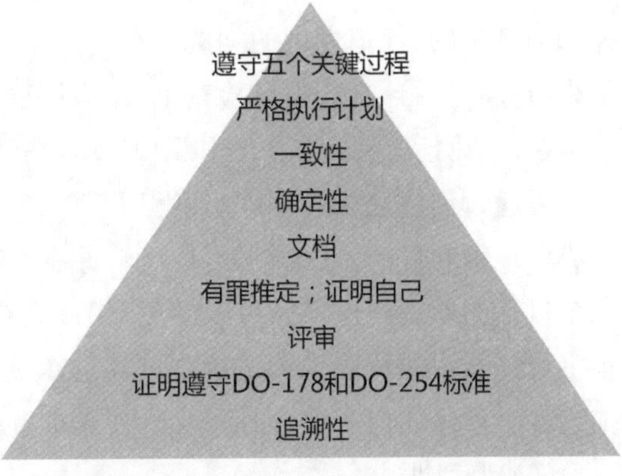

其部分内容阐述如下：

（1）确定性。

进入或退出同一个过程或同一个测试场景时总能够产生相同的结果，这就是确定性。如果过程中存在主观性，那么就需要对过程认真考虑。DO－178

图8－1 DO－178和DO－254标准的金字塔原理

和DO－254标准中的字面“D”代表了“确定”(determinism)。在实际工作中，对相同的激励应给出相同的响应，软件过程主要关注如何减少过程中的假设，这样做就增加了整个过程的确定性。

(2) 文档。

在对软件进行测试和验证时，必须对同一个问题每一次都获得同样的回答，必须关注系统的非确定性行为，对于A、B和C级软件而言，确定性是合格审定的关键项。虽然对D级软件，要求有所放松，但对A、B和C级软件必须是确定的，对其中的数据、文件资料要求也是如此。

(3) 有罪推定。

这与正常的法律条款相反，在证明自己无辜之前是戴罪之身。这种反推模式实际上是强制项目人员按照要求开展工作。

(4) 评审及评审的结果。

当走访众多商用嵌入式产品研发公司时，发现很多公司希望通过DO－178标准扩大市场份额。这些公司常常介绍说：“我们有一个完美的过程”，而DER常常反问的第一件事是：“你们开发的代码进行同行评审了吗?”代码的同行评审对DO－178标准符合性大有益处，因为即使在检查多次以后，人们还是常常不能发现自己的错误，这需要安排其他人员实施检查。

很多公司说：“在交付产品之前，我们的代码已100%通过评审。”对此的评价当然是“非常好!”这其实是为自己节省了时间，也为符合性审查减少了工作量。DER审查同行评审记录时常常面临的情况是一脸的无辜和茫然，和诸如此类的回答：“张三六个月前评审的，但他现在已经离开公司了。”除了“张三做过代码评审”之外，DER始终不知道到底评审了什么、评审的通过准则是什么、评审是如何开展的、评审发现的问题是什么及问题是如何处理的。这样的回答没有结果，也就是为什么应提供检查单，作为评审已实施的证据的原因。

(5) 证明遵守DO－178和DO－254标准。

可通过创建表格和矩阵来确保DO－178和DO－254标准要求的目标已经完成。A级软件有66个目标，B级软件有63个目标[2]，A级和B级之间仅存在三个目标的差别。这样做可以避免FAA合格审定时因项目已实现目标和合格审定目标不一致所产生的尴尬。创建这个表格没有大量的额外工作，其中只需描述各个目标如何实现、如何验证，并非难事。

(6) 追溯性。

项目审核时，DER要做的第一件事是寻找表明追溯性的文件，追溯记录可以是数据、Excel表格或DOORS数据库。系统分配至软件的每一条需求是否得到实施？除非通过追溯记录表明每一条需求在代码中已实现，除此以外此要求无法确切证明。追溯记录体现了工作完成的完美程度。

从上而下，应保证每个功能得到实施；从下而上，表明仅仅要求的功能得到实施。在这个过程中，不应存在追溯不到的代码，所有的代码都应该有需求与之对应，否则需要问问代码为什么出现，是否应该删除。

在项目和过程建立之初就应确定追溯工具。DOORS就像悍马这种大型而有力的机器，适合大型集成系统和规模较大的软件产品。但不一定每次都开着悍马去杂货店，对小项目有其他简单、轻便的工具。

如果项目开发一个大型程序或由许多开发团队开发，那么建议使用DOORS工具。如果项目规模较小，那么建议使用简单、自动化的过程工具。项目规模由代码行决定：5 000行以下属于小规模；5 000～20 000行属于中等规模，20 000行以上就属于大型软件。

除了软件规模外，软件的复杂度也是一个需要关注的重要方面。软件的复杂度是什么？是否和算法密切相关？复杂度有何条件？McCabe复杂度是什么？McCabe复杂度是一种有效评价代码复杂性的方法，如度量if语句存在多少层嵌套。数据流和控制流的耦合程度会增加复杂度，复杂度高的软件更难以评审和维护。

软件专著《人月神话》中曾提出过一个问题："理想的软件团队应该有多少人？"回答是："一个。"因为软件错误主要是由"假设"引起。多层开发团队常常迫不得已做出某些假设，因为系统工程师、软件工程师都不是世界上最善于交流的人，文档和追溯是避免"假设"引起错误的重要方式。

3) DO-178和DO-254标准的未来展望

DO-178和DO-254标准的未来展望具体内容阐述如下：

(1) 更新的版本，如DO-178C标准。

(2) 更多的COTS产品。更多的COTS产品将获得认可，特别是在DO-254标准领域。过去几年COTS产品认证发展迅速，FAA认可了更多的工具、接口卡、中央处理器(central processing unit, CPU)以及数据总线等产品。考察COTS产品服役历史的方法越来越被接受，定制开发一定更好的理念越来越不被看好。采用COTS产品并将其引入系统中就能节省更多的时间成本，COTS产品对于DO-178和DO-254标准过程的应用认证将越来越引起关注。

(3) DO－178和DO－254标准的应用范围扩大。

DO－178和DO－254标准将在陆地、海上、商业、工业和其他应用领域中进一步扩展应用。随着接受面的拓宽，在航空、航天领域DO－178和DO－254标准将成为一个实际行业标准，军事领域的陆军、海军和空军都在不同程度的使用或者关注DO－178和DO－254标准。本书作者曾在陆军、海军和空军中进行过DO－178和DO－254标准过程培训与监督，发现各军种对DO－178和DO－254有极大的兴趣和较高的认可度。

(4) 更严格的FAA审查。

项目预算紧张，伪造证据四处横虐，FAA加强审查力度，对于审查工作越来越仔细。DER不再像以前说"这看起来很好，我签了"，现在DER更关注为了项目的一致性具体做了什么。DER在计划、设计、验证和合格审定四个阶段进行审核，同时附带检查表，确保计划顺利进行。项目QA也可以参考这种方式进行审核工作。DER不单单提供一个合格结论，他们同样也填写各种检查表。FAA还在将监督延伸到以前视为禁区的地区：无人操作飞行器和路基系统。一些新的FAA团队(FAA俄克拉荷马州办公室来的新的FAA特别小组，FAA俄克拉荷马州办公室之前只关注商业航空电子)已经涉及军事监督问题。

(5) C＋＋、OO、硬件工具。

DO－178C标准已经提出了工具问题。C＋＋已经被越来越多的航空电子软件工程师使用，今天年轻的程序员就是明天的项目经理，他们更喜欢C＋＋，工具开发商将更关注C＋＋。新版的DO－178标准即DO－178C标准中已经提到了模型和面向对象技术，这两种技术都涉及了C＋＋。新工具也在DO－254标准和超高速集成电路硬件描述语言(VHSIC hardware description language，VHDL)领域大量应用，这包括Green Hills、Vector Software、PolySpace，High－Rely，TNI，Mentor Graphics和Engenuity。

(6) 形式化建模/方法的使用。

(7) 进度和成本因素需要关注。

一个行业想要提高产品质量获取更高利润就需要更多的详细审查。产品认可度越高，进入市场就越快。DO－178标准不关心费用，允许预算超支，但后续航空电子业成本也将成为一个提高竞争力的重要因素。

(8) FAA通告。

通常FAA会定期发布通告，组织讨论新的理论方法应用。DO－248标准中包含了大量DO－178标准过程应用的范例。为了在快速发展的市场中及时获取新的理论和技术信息，航空电子开发商可定期通过网络对 DO－178 和 DO－254 标准进行关注。

（9）专业的工程团队。

译者注：

1. 此处提法值得商榷，译者认为“将需求分解到对设计人员/编码人员不存在任何假设条件为止”是关键，需求并非越多越好。如，对于目前波音 787 或空客 A380 的机载软件，其规模大约近 1 000 万行，如果按照 15 行代码对应一条需求计算，那么将产生 66 万条需求，这些需求的管理、追溯、变更将消耗大量的成本。所以，合理的做法是建立针对不同关键等级的，以最低成本保证软件需求与实现一致性的方法。这需要软件需求分析方法、软件设计方法和软件测试方法的相互匹配，根据何种需求，产生何种设计，编制何种代码需要提前规划，而不是放任不管。

2. DO－178C 标准中对此目前有些新的要求，A 级软件有 71 个目标，B 级软件有 69 个目标。71 个目标分布为：软件计划 7 个、软件开发 7 个、软件需求验证 7 个、软件设计验证 13 个、软件编码及集成验证 9 个、软件测试 5 个、软件验证的验证 9 个、软件配置管理 6 个、软件质量保证 5 个，以及软件合格审定联络 3 个。

9 安全性评估

系统安全性评估过程的活动包括功能危害性评估(functional hazard assessment, FHA)、失效模式及影响分析(failure mode and effect analysis, FMEA)、可靠性评估、初步系统安全性评估(preliminary system safety assessment, PSSA)、系统安全性评估(system safety assessment, SSA)和共因分析(common cause analysis)等[1]。通过这些活动建立了一个全面的系统安全性评估过程,用于获取系统关键等级,以及依据安全性考虑调整系统架构。系统安全性评估结束后,项目就分解为软件生命周期过程和硬件生命周期过程,并通过系统测试和系统集成验证及测试,最终验证项目满足了所定义的最高关键等级的要求。系统开发过程向软硬件研制提供计划和生命周期过程,其中相关计划均可通过对以往项目计划的少量调整重用。

图 9-1 描述了在定义系统需求之前如何执行安全性评估。在理想情况下,安全性评估应在任何系统开发活动之前完成。然而,在实际系统研制中,这常常是一个迭代过程,无论如何,最终产品需要反映安全性分析的所有考虑。

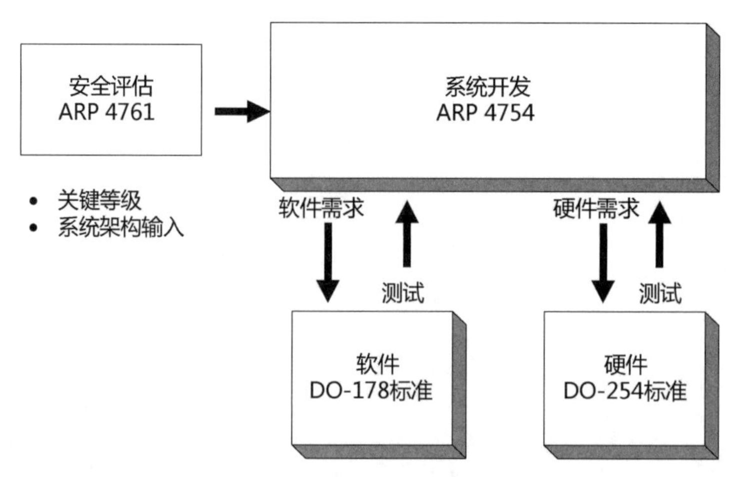

图 9-1 系统开发与安全性评估

安全性评估过程由一系列分析活动组成，每一种分析均关注系统中的若干部件及其子部件。图 9-2 描述了一个系统中针对该系统及其部件的安全性分析步骤及层级关系。

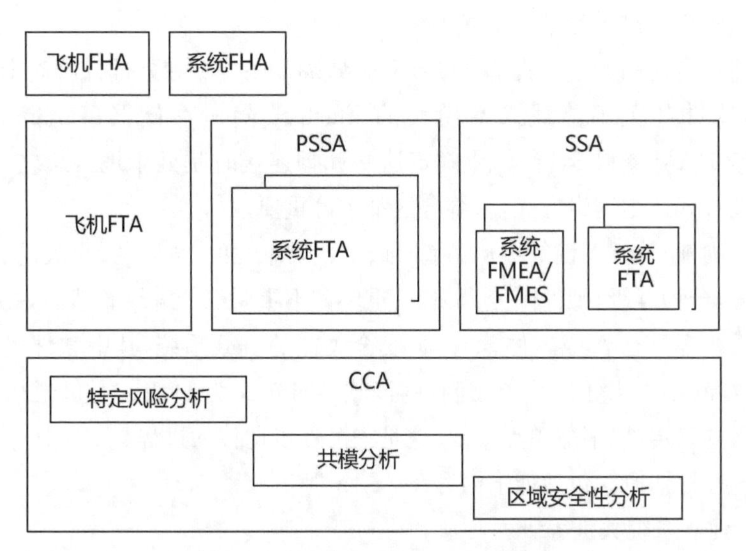

图 9-2 安全性分析步骤及层级关系

FTA：故障树分析（fault tree analysis）；FMES：失效模式及影响摘要（failure mode and effect summary）。

如果产生了派生需求，则必须分析派生需求对安全性评估过程的影响，必须分析派生功能的失效并且确定其对关键等级或架构的影响。

假设一个航空电子系统有多种功能，其中两种功能会导致灾难性失效，六种功能会引发危险性失效，剩余功能对飞机安全的影响很小，这些功能以不同进程方式运行于同一 CPU。在此种情况下应对这些功能进行分区，即在 2 个 A 级功能、6 个 B 级功能以及剩余 D 级功能之间建立虚拟隔离，从时间和空间维度对各功能进行分区，使任何低安全等级功能不会影响或者破坏高安全等级功能在 CPU 上的运行。为了达到此目的，需要选择一个具有内存管理单元（memory management unit，MMU）的 CPU。一部分处理器芯片，如 PowerPC 系列 CPU 具有此功能，而其他并非如此，所以应选择合适的 CPU。

除此而外，还需要一个具有内存管理能力，可建立虚拟隔离或分区，并监测及避免访问冲突的实时操作系统（RTOS）。当然，对不同安全等级实施分区的方法将增加软件的复杂性和开发成本，但如果希望系统功能驻留在同一 CPU 上，并包含不同的关键等级，那么使用分区的方法是可行的。既然会增加额外的工作及成本，为何还要如此而为？主要原因有三个：减轻系统重量、减少系统功耗和减小系统体积。这三个因素在系统研制中越来越重要。目前，每一个航空器制造商及装备改进/改型承包商越来越关注这些因素，因此如果不这样做，那么就等于将机会拱手让给竞争对手。

当然也可使用通过针脚选择的物理方式隔离系统。在外部针脚尚未连接的情况下，软件甚至不能载入本模块的Flash或随机存储器（random access memory, RAM）之中运行，你要确定这些针脚连接时是处于地。总之，无论是采用物理方式还是逻辑方式，系统分区都十分重要。

众所周知，软件关键等级从A级到E级（灾难性的、危险的、重大的、轻微的和无影响）分为五级，硬件则分为关键、重要和不重要三个等级。然而，并不是每个关键系统都只有A级软件，如一个安全关键的机载系统，其中软件仅用于记录硬件故障，不用于任何系统控制，则该软件可定义为D级。通过架构定义和关键等级的确定，以消除单点失效，这是一个逐步迭代的过程。

安全性评估概念包括如下内容：

(1) 建立系统关键等级。

(2) 灾难性的、危险的、重大的、轻微的、无影响的。

(3) 确定研制保证等级（A、B、C、D或E）。

(4) 迭代过程为架构定义做贡献。

(5) 使用架构定义来降低研制保证等级。

(6) 安全性来自提供的功能。

(7) 评估各层级功能的失效和潜在失效。

三种关键安全性评估过程分别是：

(1) 功能危害性评估（FHA）。

(2) 初步系统安全性评估（PSSA）。

(3) 系统安全性评估（SSA）。

关于架构和分区的另外一个例子，如图9-3所示。根据SAE ARP 4754建立了一个分区设计，其中功能的失效分类一个是“危险的”（hazard, HAZ），另一个是“重大的”（major, MAJ），因此一个是B级，而另一个是C级。两个功能相互独立，分别由功能部件A和功能部件B执行，并且被划分为两个不同的系统。功能危害性分析单独检查功能部件A，然后单独检查功能部件B，如果两者都失效，则系统关键等级为两者之中关键等级最高的一个。分别考察这两种功能，一个功能的失效并不会影响其他功能，因为它们硬件设计不相似、运行于不同的模块、使用分离的通信通道及分离的电源。这是一个良好划分设计的代表，在此设计之中，功能部件 A 是 B 级，而功能部件 B 是 C 级。

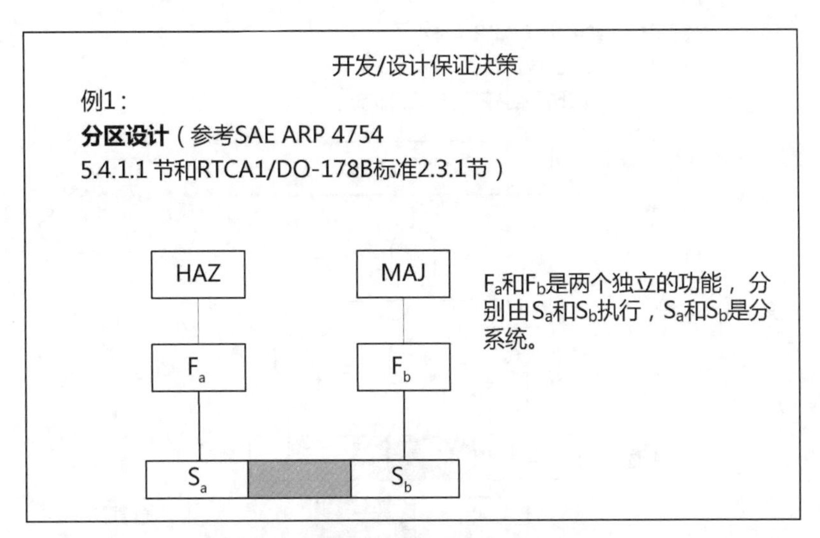

图 9-3 开发/设计保证决策示例 1

SAE ARP 4754：整个系统（包括分割）的安全等级为 B 级；S_a 安全等级为 B 级，与危险的/严重的影响有关；S_b 安全等级为 C 级，与主要的影响有关。

RTCA/DO-178B 标准：如果功能 F_a 和 F_b 在软件中执行，则 S_a 中的软件安全等级为 B 级，S_b 中的软件安全等级为 C 级；如果软件涉及分区保护功能，则分区软件安全等级为 B 级。

如图 9-4 所示，假设有通道 1 和通道 2，系统 A 和系统 B，功能部件 A 和功能部件 B。为保证功能正常，以上所有环节都必须正常运行，任何一个环节出现失效，整体功能就会丧失，所以各个环节之间存在关联性。在此种情况下，需要将各个环节之间的通信部分设计为最高安全等级。

研制保证等级及对应不可预期失效的发生概率是通过具体数值定义，对软件而言，这样的数值无法计算。究其原委，是因为软件失效的概率是 1，即软件总会失效。失效如何产生对系统安全性分析过程和系统本身都非常重要。通常，航空电子系统会执行上电自检以快速检查软件二进制代码的正确性，此类自检在运行期间常常以后台进程的方式持续进行。校验和是以往常用的方法，目前循环冗余校验（cyclical redundancy check，CRC）常常被使用。CRC 是一种应用于二进制代码的数学算法，该算法产生一个与确定二进制映像相关的唯一的整数值，并将其存储在目标二进制文件中。CRC 测试将在操作检测中重新计算该整数值，计算出的 CRC 值与存储的 CRC 值必须匹配，否则认为系统数据已产

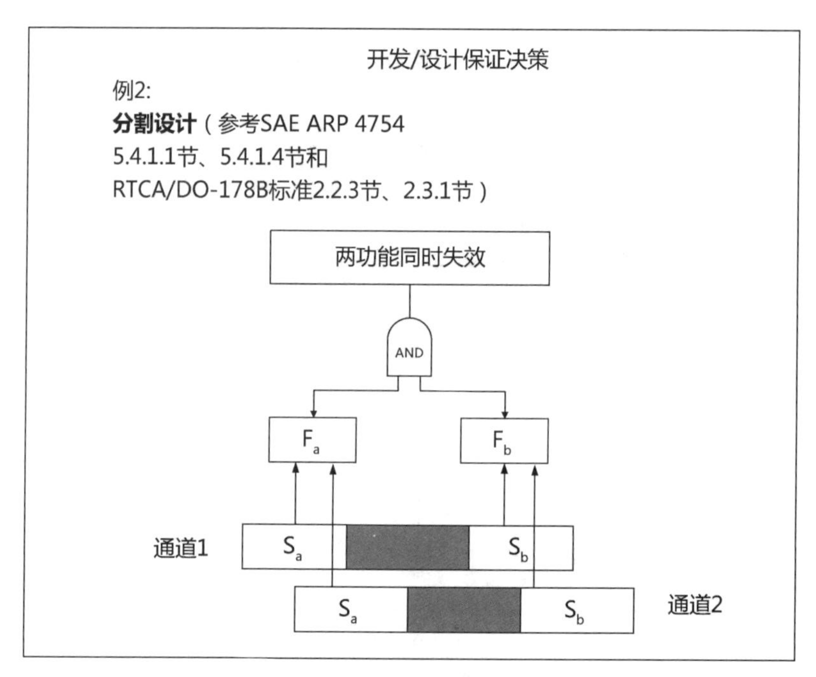

图 9-4　开发/设计保证决策示例 2

生错误。根据 CRC 算法，如果一位或多位数据发生改变，那么整个 CRC 值将发生变化，显示失效已经发生。

每个 DO-178 标准关键等级均关联相应的失效概率，随着关键等级的提高，失效发生的概率应相应地降低，安全性评估过程需考虑所有与安全相关的问题。本书主要用于说明 DO-178 和 DO-254 标准，因此没有进一步描述安全性评估过程，但是该过程是航空电子软硬件开发至关重要的前提，必须全面考虑。

译者注：

1. 此处提法与 SAE ARP 4761 有些出入。根据 SAE ARP 4761，安全性分析的活动包括 FHA、PSSA、SSA 和 CCA。此处将安全性分析的活动和使用的方法有些混淆。

在飞机/系统研制周期开始时进行 FHA，此工作应识别与飞机功能和飞机功能组合相关的失效状态并进行分类，通过失效状态分类确立安全性目标。进行 FHA 的目的在于明确识别每一失效状态以及对其分类的基本理由。按设计过程将飞机功能分配到系统后，应使用 FHA 过程对综合多重飞机功能的每一系统重新进行检查。更新 FHA,以考虑分配到系统的单个飞机功能或组合飞机功能的失效。将 FHA 的输出用作进行 PSSA 的起始点。

PSSA 是对所建议的系统架构进行系统性检查,以确定失效如何引发 FHA 所识别的功能危害。PSSA 的目的是建立系统的安全性要求,并确定建议的架构合理,可满足 FHA 识别的安全性目标。PSSA 也是与设计相关的交互过程。在系统研制的多个阶段(包括系统、组件,软硬件设计定义)上进行 PSSA,在最低的层次上,PSSA 确定与软硬件设计有关的安全性。PSSA 通常采取 FTA 方法,也可使用相关图分析或马尔科夫分析方法,还应包括 CCA。

SSA 是对所实施的系统进行系统性和全面性的评价,以表明满足从 FHA 得到的安全性目标以及从 PSSA 得到的派生安全性要求。SSA 通常基于 PSSA FTA(或相关图分析或马尔科夫分析),且使用从失效模式及影响摘要(FMES)得到的定量值。SSA 将核实在 FMES 中识别的所有重大影响都被作为基本事件包含在 FTA 中。FMES 是通过 FMEA 确认失效摘要,该摘要是根据失效影响将它们集拢分类。SSA 也应包含相应的 CCA 结果。

CCA 通过评价整个架构对共因事件的敏感度,支持特定系统构架以及相关系统架构研制。这些共因事件通过特定风险分析、区域安全性分析和共模分析完成。飞机级 CCA 的结果被分配到每个系统的 PSSA 和 SSA 中去。

10　计划、开发和正确性验证

本章讨论计划、开发和正确性验证。如图 10-1 所示，因为验证、配置管理、质量保证和合格审定联络过程贯穿整个软件生命周期，而这些过程都包含正确性验证，所以正确性验证过程几乎覆盖了整个区域[1]。

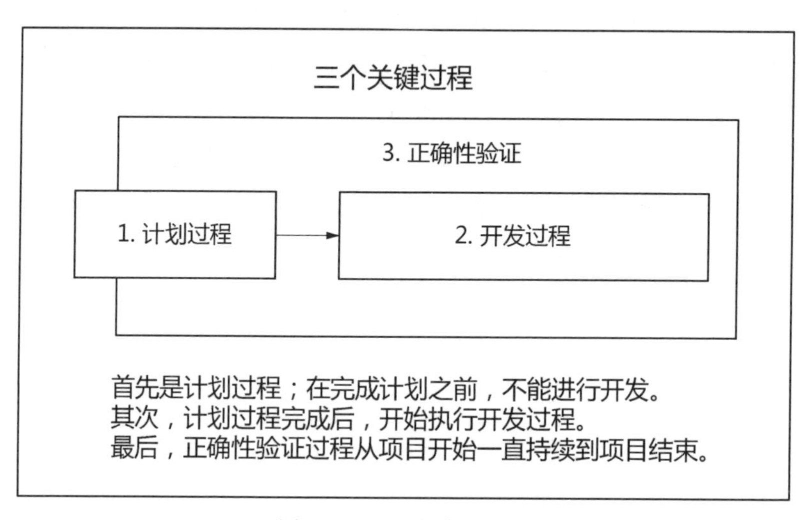

图 10-1　三个关键过程

第一步是计划，因此计划过程位于整个过程的最左边。制订项目计划是最为重要的基础性活动，由于计划并不像其他活动那样费时耗力，所以在图中的方框最小。DO-178 标准要求评审项目计划，对于 A 级或者 B 级软件，评审过程还必须满足独立性要求[2]。计划过程输出 5 个计划和 3 个标准，其中 5 个计划分别是：软件合格审定计划(PSAC)、软件质量保证计划(SQAP)、软件配置管理计划(SCMP)、软件开发计划(SWDP)和软件验证计划(SWVP)，如图 10-2 所示。

PSAC 的内容必须包含满足 DO-178 标准各个目标的所有方面，以及对软件生命周期各活动的准确理解，也就是要保证整个软件生命周期过程都遵循了

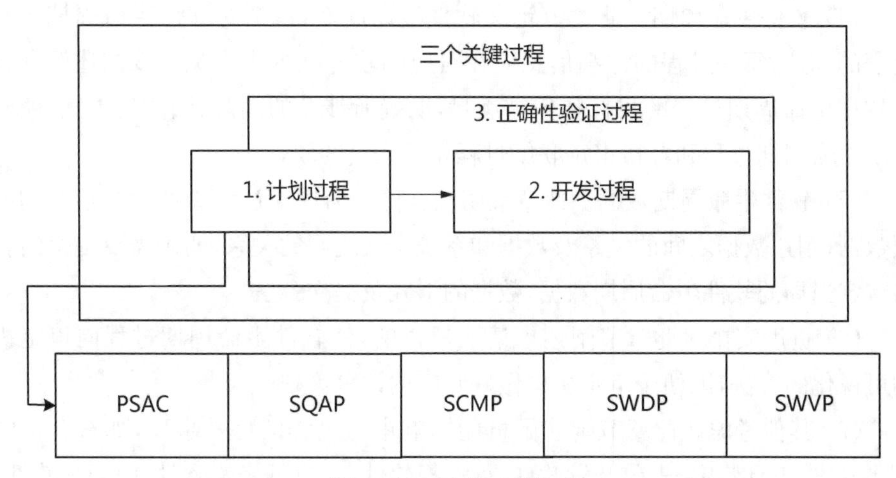

图 10－2 计划过程输出

DO－178 标准的要求。PSAC 可否引用其他公司计划或规程？回答是可以，但要注意，一旦如此，所指向的公司计划或规程都将应可审计、可评审，都应接受 FAA 和客户的审查。

PSAC 的内容包括如下方面：

(1) 控制在 40 页以内。

(2) 开展对软件活动的高层次理解。

(3) 表明对 DO－178 标准目标的符合性。

(4) 列出具体要求并指向其他详细的计划。

(5) 提出特殊考虑(工具鉴定、COTS、服务历史等)。

(6) 包含一个顶层的进度安排。

PSAC 概述：PSAC 是审定机构判断软件申请人提出的软件生命周期活动与软件等级的要求是否一致的主要证据。

PSAC 具体包括如下内容：

(1) 系统概述。此章节提供系统的概述，包括系统功能综述，以及系统功能在软硬件上的分配、系统架构、使用的处理器、软硬件接口和系统安全特性。

(2) 软件概述。此章节简要阐述软件功能，着重强调所建议的安全性和分区概念，如资源共享、冗余、多版本非相似软件、容错以及时序和调度策略。

(3) 合格审定考虑。此章节综述软件合格审定的基础，包括符合软件合格审定要求的符合性方法；此章节也应陈述建议的软件等级，总结系统安全性评估过程对软件等级的确定，包括软件对潜在失效状态的影响。

(4) 软件生命周期。此章节定义软件生命周期，包括对软件生命周期每一过程的综述，每一过程的详细信息应在对应的软件计划中定义。该综述解释每个软件生命周期过程的目标如何被满足，明确所涉及的团队、团队的责任，明确系统生命周期过程和合格审定联络过程相关人员的职责。

(5) 软件生命周期数据。此章节明确软件生命周期过程中产生和控制的各项数据，阐述数据之间的关系及数据和系统定义之间的关系，明确需要提交给合格审定当局的软件生命周期数据，数据的形式及提交方法。

(6) 进度安排。此章节阐述申请人提供的，使软件生命周期过程向审定机构可视化的方法，以便于审定机构做好对应的评审策划。

(7) 其他考虑。此章节阐述了可能影响审定过程的特殊事项，如符合性的替代方法、工具鉴定、先前开发软件、可选择软件、用户可修改软件、COTS软件、现场可加载软件、多版本非相似软件及产品服务历史等。

PSAC内容示例：

(1) 目录。

(2) 范围。

(3) 文档标识。

(4) 文档概述。

(5) 参考文献。

(6) 适用标准。

(7) 引用。

(8) 文档。

(9) 修订历史。

(10) 相关文件。

(11) 术语及缩略语。

(12) 系统概述。

(13) 产品。

(14) 合格审定包。

(15) 软件概述。

(16) 合格审定产品概述。

(17) 产品名称、软件部件名称。

(18) 用户指定代码。

(19) 系统库。

（20）目标系统。

（21）历史背景。

PSAC 详细说明举例：

（1）为待审定产品建立审定置信度。

（2）软件开发过程（A－2）。

（3）软件需求过程输出的验证（A－3）。

（4）软件设计过程输出的验证（A－4）。

（5）软件编码和集成过程输出的验证（A－5）。

（6）集成过程输出的测试（A－6）。

（7）验证过程结果的验证（A－7）。

（8）软件关键等级。

（9）关键等级分配。

（10）审定联络过程（A－10）。

（11）软件开发及验证工具鉴定。

（12）开发工具。

（13）验证工具。

（14）未来开发。

（15）产品名称开发。

（16）工具考虑。

（17）其他考虑。

（18）总结。

必须在 PSAC 中提及 DO－178 标准中提及的其他考虑。如即便未使用先前开发软件（PDS），也应在相应章节中注明其“对本项目不适用”，这表明对 PDS 的应用进行了考虑，FAA 一般就不再询问。即便 FAA 提出质疑：“你考虑过使用先前开发软件吗?”也可回答：“是的，本项目属于全新开发，未使用先前开发软件，对此的说明在软件合格审定的特殊考虑章节之中。”

如果未对特殊考虑做出声明，哪怕是类似只言片语的说明，那么可能将受到 FAA 的质疑。所以，无论是否使用了一些特殊方法，都应在“其他考虑”一节做出声明，如标明“本项目未使用 COTS”或“本项目参考了产品的服务历史”，并在项目顶层计划中对此做出相应的策划。

曾有项目，按照批准的软件合格审定计划四年前就应完成，而截至目前项目仍在持续。项目没有对 PSAC 及时更新，因为更新已毫无意义；同时，因为未按照合格审定计划以上七个方面内容建立项目顶层的里程碑，所以此类项目也面临不能通过合格审定的后果。

PSAC极其重要，因为它向FAA或客户展示了实施DO－178标准的实力。有些公司在PSAC工作开展方面显得狼狈不堪，总是在拿到反馈问题后修修补补，而不是从一开始就足够重视。第一印象非常重要！因为如果第一印象不好，那么审定机构或者用户会就会对任何事百般挑剔，而良好的第一印象，会使他们忽略一些细枝末节。FAA官员曾这样评价某个公司："哪家公司？……我们不相信他们！他们提交的文档甚至都是些半成品，他们的整个项目从一开始就是烂尾工程。"

PSAC从一开始就应努力做到图文并茂；同时，每一段落都应使用PPT图表形象生动地做好演示，做到言简意赅、赏心悦目，即便审定机构未阅读整个文档，也使其有所专注或侧重。在PSAC提交到FAA或者用户之前，应先进行DER或外部DER顾问的评审，以确保审批万无一失。

译者注：

1. 此处提法与DO－178C标准有所出入。DO－178C标准中将软件生命周期分为计划过程、开发过程和综合过程（integral process）。综合过程指贯穿于软件开发全生命周期，对软件开发过程和其他综合过程提供支持的过程，包括软件验证过程、软件质量保证过程、软件配置管理过程及软件合格审定联络过程。本书中的正确性验证过程（correctness process）等同于DO－178C标准原文中的综合过程。本书作者是DO－178标准编委会成员，如同DO－178C标准开篇所言，DO－178C标准中所有内容是编委会成员达成的一致意见（consensus）。在本书作者看来，软件研制就是确保分配至软件的系统需求得到正确的实施，所以作者宁可将软件综合过程称作正确性验证过程。

2. 此处原文似乎有误。按照DO－178C标准附录表A－1软件计划过程目标，对保证软件计划符合DO－178C标准并未提出独立性要求，表A－9软件质量保证过程目标要求对A、B和C级软件实施独立的过程审计和产品审计以确保软件计划和标准符合DO－178C标准的要求。DO－178C标准4.6节软件计划过程评审也未明确独立性要求，因此本文提出的对于A级或B级软件计划评审必须满足独立性要求似乎有误。

11 质量保证计划

质量部门针对软件的工作程序就是质量保证计划。硬件与软件一样，也关注硬件开发以及转入生产的过程；在DO-254标准中，对应的计划叫做硬件过程保证计划。软件质量保证计划中描述了软件生命周期应如何遵循公司的计划和标准、如何处理转换准则以及如何实施审计并保存相关记录。一般来说，项目结束时要进行一次主要的符合性审查，但根据实际情况，也可在正式验证实施之前增加一次。项目实施过程中软件质量保证人员如何介入，对于确定项目的审计策略非常重要，因为合格审定时有可能需要质量保证人员对审计的结果做出解释或澄清。这当然也取决于FAA人员，一些FAA人员对质量保证审计的比例较为关注，一些则不以为然，万全之策就是保存所有质量审计应有的数据，以备不时之需。

1) 质量保证计划概述

质量保证计划包括如下内容：

(1) 提供计划和标准完全包含并满足DO-178标准的保证(写成文档!)。

(2) 提供所有软件生命周期过程符合计划和标准的保证。

(3) 确保遵守每个生命周期阶段的转换准则。

(4) 执行符合性评审。

(5) 对工程生命周期所有阶段执行审计并保存记录/度量数据。

(6) 确保所有质量保证活动的独立性[1]。

(7) 将其作为公司内的模板：稍做修改就能复用。

保存好审计的记录，记录好所有审计的数据，对记录数据而言，秉要执本和细枝末节同样重要。质量保证计划通常由质量保证部门编写，如果不是，则必须由质量保证部门审批，因为其中规定了质量保证部门的工作计划及规程。应确保提供对需求、可追溯性、设计及与编码、测试及配置管理相关的所有数据的审计记录。

2）质量保证审计

质量保证审计的注意事项如下所述：

（1）对质量保证过程必须执行彻底的审计。

（2）审计必须取样每个生命周期阶段及其输出。

（3）质量保证过程的审计应面向过程，而不必面向技术。

（4）不是质量保证部门编写的计划，必须由质量保证部门进行完全评审和批准，其内容覆盖以下几项：

a. 所有需求、可追溯性、设计/代码/测试、辅助性文档和过程。

b. 软件测试计划、步骤、测试用例和结果。

c. 所有的第三方工具的相关文档。

d. 工具鉴定计划。

e. 配置管理记录。

f. 同行评审。

二进制目标码能够重新生成、加载至目标机并表明其与预期加载代码一致是很重要的。这要求从源文件开始，一直到按照构建指令生成代码的全过程管理。最后，应能够把代码加载至目标机并检查其运行是否正确，作为表明软件符合性的一部分。

3）质量保证符合性评审

质量保证计划和符合性评审能够确保：

（1）所有软件生命周期数据具备完整的可追溯性、遵守标准和计划、处于正确地配置管理控制下。

（2）所有问题报告都符合配置管理计划。

（3）软件可以根据书面指导生成（二进制）、加载和测试。

译者注：

1. 根据DO－178C标准表A－9软件质量保证过程目标的要求，软件质量保证过程包括5个目标：第一，保证开发了软件计划于软件标准，且与DO－178C标准要求相一致；第二，保证软件生命过程遵从软件计划；第三，保证软件生命周期过程遵从以批准的软件标准；第四，保证软件生命周期过程满足了转换准则的要求；第五，保证实施了软件符合性评审。必须注意，对于A、B和C级软件，所有5个目标都要求独立性；对于D级软件，目标2和目标5要求独立性。对于软件质量保证过程而言，独立性意味着由研发方以外的权力机构保证计划偏离得以正确改正。

12 配 置 管 理

配置管理计划有四个主要目标：基线及可追溯性、变更控制、数据项标识、版本控制和产品复制，应在配置管理计划的不同章节之中描述如何实现这些目标[1]。

对DO－178和DO－254标准中的其他计划（软件合格审定计划、软件质量保证计划、软件开发计划和软件验证计划），均应有指定的专人执行其中定义的生命周期活动。而对于配置管理计划，则强调人人有责，即软硬件工程团队中的每一个成员都应对配置管理负责。是否需要专人或者专门小组从事配置管理？当然可以，但是不是一定如此？也并不一定，如同准备文档、实施同行评审、遵循软件计划一样，配置管理是每一个人的责任。

1）配置管理计划概述

配置管理的目标包括如下内容：

（1）基线和可追溯性。

（2）变更控制，问题报告和评审。

（3）配置标识。

（4）版本控制和复制。

一些公司有两套配置管理系统，一个用于管理软件源代码，另一个用于管理文档。如果能将两个系统合二为一，使用一个系统及一套配置管理工具则更加简便，更能起到事半功倍的效果。当然的确有配置管理工具可同时完成这两个系统的功能，从根本上说，对源文件的管理也同时要求对与其相关的文档及数据的管理。

定义基线，实施评审。数据项在评审之前必须纳入配置管理。为何如此？因为任何评审必须指明待审材料的版本号，并且大多数配置管理工具可自动追溯及管理版本号，待审材料只有纳入配置管理才可以实施评审。待评材料可否仅在评审之前才入库受控？当然可以，DO－178标准对此要求十分灵活，但还是建议尽早将数据项纳入配置管理，典型地，在起草人员开始编写工作的第一天就将其纳入配置管理，这样做可以防止数据丢失。人人几乎都有硬盘损坏、数据丢失的“悲催”经历，配置管理提供对数据的集中存储，降低文件、数据、代码丢失带来的危害。

不允许软件模块在开发完后未纳入配置管理就进行评审。软件模块开发完成后，即便未纳入配置管理，的确可进行评审和验证，评审人员甚至可以填写出评审检查单，但是直至纳入配置管理之前，评审人员都不知道被评件的版本号，因为没有版本号，问题是更改人员就有可能不知道应从何下手实施更改。换而言之，只有正确纳入配置管理的软件，才能追踪并生成下一个版本，没有正确版本号的评审，是非正式的，不能满足DO－178标准评审准则的要求。

2）配置管理的详细说明

对配置管理进行详细说明如下内容：

（1）详细说明软硬件的配置管理过程。

（2）为评审和发布定义基线。

（3）确保二进制文件可以一致地、重复地生成。

（4）提供问题报告、跟踪、授权、合并、评审以及避免未经授权的变更。

（5）提供所有电子数据（和物理数据，如果没有电子版）的安保性（security）、备份与恢复机制。

（6）确保所用输出产品的受控，包括：

a. 应用软件和文档。

b. 计划和标准。

c. 评审和审计结果。

d. 第三方工具。

e. 软件开发环境和测试环境。

必须确保二进制文件能够被复制和更新，问题报告可以被追踪。同时也要明确备份系统和信息安全维护的方法。1991年洛杉矶大地震，造成波音777一些供应商的设备损坏和数据丢失。幸运的是，这些供应商不仅每天、每周进行数据备份，还在异地备份，因此他们很快便恢复了丢失的数据。所以，公司运营的重要工作之一就是定期备份数据项，从而具有重新生成软件产品的能力，对评审的文档、软件、测试用例、计划、标准和其他文件均应实施数据备份。

3) 配置管理的范围

(1) 哪些输出产品必须通过配置管理受控?

用于遵循或表明对 DO-178 和 DO-254 标准符合性的所有输出产品,包括计划、标准、文档、需求、设计、代码、测试程序及结果、评审、构建脚本、检查单、审计、评审等。

(2) 第三方工具。

应保存所有使用工具的版本号,以便可以随时重新建立开发、验证的环境。配置管理还要求对输出产品实施控制,如软件质量审计的结果和检查单应保存在配置管理系统之中,这样以很小的代价可以进一步表明你遵循的计划需要这些数据表明与 DO-178 和 DO-254 标准的符合性。

DO-178 标识了配置管理的两种控制类型,如图 12-1 所示。与其花费大量的时间区分等级或数据项,确定其对应的控制类型是 CC1 还是 CC2,不如将所有配置项纳入最严格的 CC1,这是一种最简单的方法。

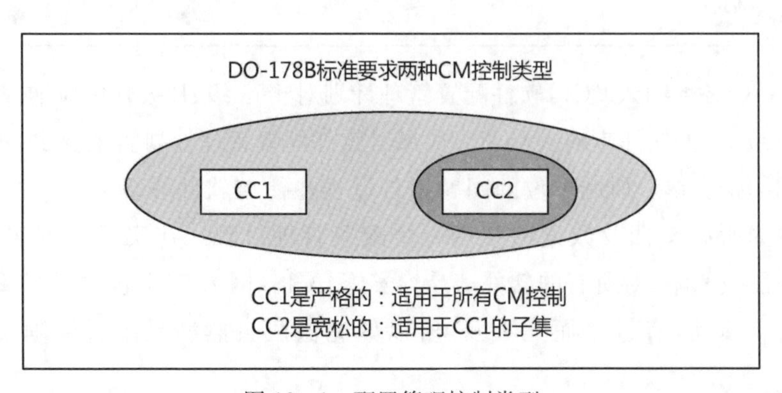

图 12-1 配置管理控制类型

配置管理主要分为两个控制级别:控制类别 1(CC1)是严格的控制,而控制类别 2(CC2)是相对宽松的控制。在 CC1 和 CC2 之间存在一些不同,但随着配置管理工具的使用,大多数配置管理活动都是通过工具自动完成。

一些配置项是检查单,如上所言,与其花费大量的时间区分两种配置管理控制级别,不如将所有配置项纳入 CC1。区分数据项配置管理级别的方法是查找 DO-178 标准附录中的表格,如软件合格审定计划需要按照 CC1,意味着配置标识、基线可追溯性、问题报告、发布方法和数据保存等系列配置管理活动均适用于 PSAC,而 CC2 只需要满足表 12-1 中带圆点的项即可。

表 12－1　与 CC1 和 CC2 数据相关的配置管理过程活动

配置管理过程目标	参考章节	CC1	CC2
配置标识	7.2.1	●	●
基线	7.2.2 a,b,c,d,e	●	
可追溯性	7.2.2 f,g	●	●
问题报告	7.2.3	●	
变更控制——完整和一致	7.2.4 a,b	●	●
变更控制——跟踪	7.2.4 c,d,e	●	
变更评审	7.2.5	●	
配置状态纪实	7.2.6	●	
检索	7.2.7a	●	●
防止未经授权的更改	7.2.7b(1)	●	●
存贮介质、更新、复制	7.2.7(2),(3),(4),c	●	
发放	7.2.7d	●	
数据保留	7.2.7e	●	●

PSAC必须纳入CC1，软件配置管理计划对于A级、B级软件应纳入CC1，对于C级、D级软件应纳入CC2。如果对软件配置管理计划实施变更，那么应编写问题报告单。研制单位的问题报告过程往往与软件等级无关，对所有级别软件的所有文档及数据项共用一个配置管理过程。在实际工程实践中，CC2往往被忽略，对所有的软件产品均实施CC1。因为CC1包含了CC2所要求的所有活动，有过之而无不及，所以如此做法自然满足配置管理目标的要求。

在对一些公司提供合格审定咨询的时候，发现这些公司并不赞成以上的做法，他们希望区分软件的等级，使C级和D级软件的配置管理更加容易一些。为此，他们制订了复杂的制度，但无人遵循，因为将简单的事情复杂化是问题所在。对配置管理的执行来说，建议使用商用工具，而不要试图自行开发工具，成熟的商用工具使配置管理过程更易于理解和遵循。

问题报告工具应满足DO－178标准目标的要求，易于支持配置管理过程的实现。对于已有的工具，应确保其满足DO－178标准变更跟踪的要求，应支持手动检查以确保不存在无依据的变更。这意味着，对软件产品的每次变更都应通过评审，对变更版本和以前版本进行比较，确认变更均按照问题报告单中的内容实施，无超范围变更的情况。

某公司一位年轻的工程师开发一个飞行控制率软件，在飞机上进行飞行试验。在编写数据时，他无意中多打了一个逗号，将一个数据分成了两个数据项。在飞行试验中，飞机开始不停摇摆（导致机舱后部的人员呕吐不止）。偏航阻尼器为什么出现故障一直难以解释，直到与先期通过飞行试验的版本进行比较之前，这位经验匮乏的工程师一直认为他没有做错任何事，在花费了一周的时间和数十万美元后，才完成这项“改进”。虽然仅仅是一个逗号，但是这个逗号却放错了位置！采取措施避免此类错误可以节省大笔开支，甚至挽救生命。

4）配置管理的建议

对配置管理提出如下建议：

（1）获取、掌握并利用商业化工具，使所有配置管理过程自动化。

（2）获取并使用商业化问题报告工具。

（3）添加手动步骤以避免无根据的变更。

（4）对所有人员进行配置管理培训，配置管理是每个人的责任。

（5）确保所有的输出产品都处于配置管理下（一般错误包括：丢失第三方文件、库、makefiles、评审、审计文件）。

（6）将其作为公司内通用的模板，稍做修改就能复用。

对项目的所有人员进行配置管理培训，使每一个人都了解和遵循配置管理过程，而不是将其归为一己之责，人人都应对配置管理负责。将项目相关的所有资料都纳入配置管理，包括项目生命周期中需要的第三方数据项，对公司所有项目编制统一的配置管理计划。再次重申，为什么将所有数据纳入配置管理？这样做不会增加任何成本，这样做在复制、重新测试或重新审计时会避免很多问题。总而言之，配置管理系统是 DER 和 FAA 审查的焦点，配置管理记录要接受多次重复的审计。

5）配置管理的留存信息

配置管理必须控制所有的输出产品。

哪些文档必须保留？

（1）全部？不是！

（2）保留所有能够表明符合 DO－178 或 DO－254 标准的记录。

（3）保留足够的记录以备评审、重建或重新测试。

译者注：

1. 此处与 DO－178C 标准原文要求有较大出入。根据 DO－178C 标准正文7.1节的规定，软件配置管理需要实现9个目标，附录表A－8对9个目标进行了综合，形成6个最终要求的目标，包括：第一，标识配置管理项；第二，建立基线和追溯性；第三，建立了问题报告、变更控制、变更评审及配置管理状态纪实；第四，建立了存档、获取及发放控制；第五，建立了软件加载控制；第六，建立了软件生命周期环境控制。

13 软件开发及验证计划

好的软件计划应做到通俗易懂、妇孺能解。这意味着计划在编写完成后，即便是交给一个开发一线的新兵，他通过一两个小时的阅读，就应该明白其在开发过程中的角色，熟悉整个开发过程，并对各工程阶段的活动如何开展了然于胸。软件开发计划（SWDP）中定义了开发环境、工具、过程和策略之间的关系，以及项目每个阶段之间的关系。

DO-178 标准要求两类软件工程计划：软件开发计划（SWDP）和软件验证计划（SWVP）[1]。SWDP 涵盖了由需求至集成（包括设计和编码）的全过程的要求，而 SWVP 涵盖对评审和测试的要求。

1) SWDP 概述

SWDP 包括如下内容：

（1）软件开发环境、工具、过程和策略。

（2）各个阶段（定义、设计、编码、集成、测试）之间的关系和转换准则。

（3）包括（用“引用”更恰当）需求、设计、编码和集成的所有评审准则（标准和检查单）。

（4）涵盖所有软件项，包括 BSP、RTOS、函数库、驱动和工具。

如何由需求过程转换至设计过程？或由设计过程转换至编码过程？或以此类推？软件计划就是解决这些问题，对软件开发过程及人员角色职责进行定义，如软件工程师的工作并非仅局限于编码，在软件设计启动之前，他需要参加需求评审及相关的质量保证活动，为此，他还需要明了所有的评审准则。

2) SWDP 建议

SWDP 的具体建议包括如下方面：

（1）指定目标，但不说明“如何做”。

（2）引用而非包含标准和检查单（这样，更新它们时就不用再更新计划本身）。

(3) 指定开发方法，包括需求分解和分配、设计或编码技术概述、单元测试(即使FAA不要求)以及同行评审策略。

(4) 将其作为公司内通用的模板，稍做修改就能复用。

评审的关键是明确评审准则，以作为评审实施的依据，因此一套适用的检查单是非常重要的。检查单可来源于购买、自行开发或借用，可作为单独的数据项保存，没必要包含在计划中，这样做的原因是不会因为检查单的更新而波及整个计划文档。检查单是判断文档编写质量的好方法，每个文档的编写者在编写文档时必须建立相应的检查单，并在文档提交同行评审之前执行自检，这将提高评审过程的质量和效率。

评审之前需要熟悉检查单内容，这如同在测试之前需要研究、熟悉测试用例一样。编写的需求不但要进行评审，还将成为软件测试的依据。因此，需求应覆盖所有的软件组件(包括第三方软件组件)，如实时操作系统(RTOS)、板级支持包(BSP)、函数库和工具等。开发计划还要说明开发环境和用于实际开发的组件，一般软件合格审定计划(PSAC)会引用软件开发计划中的细节，因此软件开发计划应描述目标和实现方法，且应足够详细以便他人实施。软件开发计划也可能会引用一些操作手册，如开发环境的使用手册。

SWDP也可引用标准和检查单，并详细说明开发的方法论：软件开发使用基于模型的开发？结构化方法还是迭代瀑布方法？怎样分解和分配需求？使用何种编码技术？使用何种设计方法？

软件计划可以定义单元测试，即便FAA对此不做强制要求，开发人员仍可根据实际需要自行开展。在提交同行评审之前，开发人员应对代码进行自测试，以确保代码正确编译和链接，这对开发人员和同行评审都将起到事半功倍的效果。

同行评审应作为正式活动开展，虽然有时根据项目使用工具的不同，同行评审的细节存在不同，但应成为公司内的一项标准活动。同行评审应建立一种严肃认真的氛围，这非常重要。虽然以正式会议方式邀请每个人参加效果更好，但并不要求一定要求这么做。无论如何，应定义明确的同行评审过程，该过程应与各计划(SWDP和SWVP等)保持一致。

3) SWVP概述

SWVP包括如下内容：

(1) 验证需求、设计和编码时的目标和策略。

(2) 功能性、鲁棒性和结构化覆盖之间的关系以及各自的执行阶段。

(3) 所有验证活动的参考标准和检查单。

(4) 说明基于软件和基于硬件的测试策略。

(5) 说明回归测试策略。

(6) 确定满足了“独立性”准则。

(7) 描述验证的“迁移”标准。

验证计划涉及评审、分析和测试，验证包括不同软件关键等级要求的功能性测试、鲁棒性测试和结构性覆盖分析。是否在目标机测试？子系统测试或系统综合测试中是否使用模拟器和仿真器？验证的所有活动都应参考 DO－178 标准和检查单。对照计划检查单确保验证计划本身是合格的，对照测试程序检查单确保测试程序是合格的。

4) SWVP 建议

SWVP 的具体建议包括如下方面：

(1) 确定目标，而不是具体的做法。

(2) 引用，但不要包含那些标准和检查单。

(3) 确定分区策略和先前开发软件(PDS)。

(4) 阐述不同形式的验证及其环境。

(5) 将其作为公司内的模板，稍作修改就能复用。

测试程序和测试用例的开发应依照模板。软件验证计划应明确测试环境选择策略，是使用硬件环境还是选择软件环境，哪些测试是在目标机上执行，哪些测试是在仿真器上进行，必要时应说明两个环境间的等价性。

如何执行回归测试？在使用自动测试工具后，许多公司会在每次变更后都对整个软件进行重新测试，更简单的方法则是分析变更、明确变更影响域。回归测试具体如何执行应事先策划并写在软件计划之中。FAA 高度关注回归测试和回归分析，如果每次变更都严格执行回归测试，可大大增加 FAA 的满意度，但是如果每次回归都花费大量的时间，为项目进度和成本所不允许。可采用自动化测试工具，如周五的晚上开始自动测试，周一的早上就可以查看结果了。因此，在此情况下自动化测试就是明智选择。

描述不同形式的验证和环境。验证过程中，测试环境的选择具有很大的自主权。对于依赖硬件的测试，应该在真实的硬件环境中进行测试，包括 BSP、中断、输入/输出(input/output，I/O)、时钟、性能和压力测试。对于算法、内部处理和派生需求，模拟的环境可能更高效[2]。

测试计划必须是完整的，且足够详细，以确保每一个测试人员明确其活动和职责，验证过程需要明确定义什么人在什么阶段的什么过程中做什么事情。

5）SWVP 完整性

SWVP 完整性包括如下内容：

（1）计划是否清晰详细？

（2）是否明确了验证组成员的角色？

（3）是否满足独立性？

（4）是否描述了需求、鲁棒性和可追溯性？

（5）是否详细描述了工具的使用方法、配置和资质？

（6）一个对待测项不熟悉的专业人员，是否能够仅仅按照上的信息和指南来执行测试？

译者注：

1. 软件计划包括 PSAC、SWDP、SWVP、SCMP 和 SQAP。其中，SWDP 和 SWVP 面向工程过程，定义了工程研发及验证的主要活动，PSAC、SCMP 和 SQAP 主要面向综合过程，因此本文中将 SWDP 和 SWVP 定义为工程类计划。

2. 为了满足软件测试的目标，可能需要多种测试环境，一般包括目标机环境、模拟环境和仿真环境。目标机（target）是真实的运行环境；模拟器（simulator）指在软件验证过程中使用的一组设备、计算机软件或系统，其输入及输出与真实目标机环境一致，但使用的是目标码派生代码，即模拟环境中使用的目标码与真实环境不一致，如经常使用的交叉编译方法既是如此；仿真器（emulator）是在软件验证过程中使用的一组设备、计算机软件或系统，其输入/输出及目标码与真实目标机环境一致。环境的选择原则较为灵活，在许多情况下，基于需求的覆盖和结构覆盖只能通过对测试输入更加精确的控制和监控实现，而此时代码执行不可能在全集成的环境中，这些测试需要在一个从其他软件部件中分离出来一个很小的软件部件上执行，此时需要使用模拟器环境。当目标机价格昂贵，或项目早期尚不具备真实目标机时，则可使用目标机的一个减配版本，使处理器保持一致，因此目标码与目标机环境一致，此时使用的是仿真环境。使用模拟环境、仿真环境、目标机环境均可执行测试，可提供合格审定置信度，但一般目标机测试是强制要求，因为有些错误只有在这种集成环境中才能检测到。

14 系统需求

系统需求通常由客户和公司市场部门提供，其开发是一个非常复杂的过程。需求来源于许多方面，空管控制要求、人机功效、操作任务、操作危害分析、系统危害分析、安全验证和营运分析等都会引出一系列的系统需求和系统概念。

软件设计必须符合系统设计，系统设计一般分析系统各项功能，用于开发需求描述，然后进行架构设计。系统架构设计由专业的工程师完成，通常会包含多个备选研发过程和备选组件及组件的定义和框图。

以某型运输机发动机控制系统为例，该项目使用现场可编程门阵列(FPGA)完成环控系统控制，系统设计已开发完成，软件需求尚未启动。这再正常不过，软件需求一定是以系统需求为依据，系统设计的输出应该是系统功能需求，也称为客户需求，即系统应该做什么。有的项目可能会有专门团队负责系统需求的开发、设计和确认，实际的物理产品实体或原型机对开发十分有益，因为未经确认或证明的需求很难用于软件开发。需求确认不仅仅在软件层面进行，和软件一样，系统层也要进行需求确认。

1) 系统过程

系统过程中的活动包括如下内容：

(1) 确定设计保证过程。

(2) 定义系统功能和需求。

(3) 定义接口。

(4) 分析功能。

(5) 设计系统架构。

(6) 分配功能。

(7) 集成软硬件和接口。

(8) 验证、确认和测试。

系统过程将输出如下内容：

(1) 系统功能需求数据。

(2) 系统架构和设计数据。

(3) 实际的物理产品。

(4) 验证/确认和测试结果。

(5) 问题报告。

(6) 系统完成总结。

问题报告不仅在软硬件开发阶段产生，在系统需求开发阶段也会产生，系统工程师应负责对系统级文档变更的追溯。

支持合格审定的重要文档之一是系统完成总结，用于记录整个系统开发、确认和测试等各阶段的完成情况。FAA没有规定确定的系统需求过程(类似DO－178标准未规定确定的软件需求过程)，产品合格审定计划会全面陈述飞行器上的各个系统，包括系统需求过程。FAA要求做系统验证，包括验收测试程序、DO－160标准环境试验以及系统级集成测试，这些活动都需要从软件角度考虑。如同软件验证一样，系统级高层测试也是系统计划的一部分。

2) 系统需求

(1) 系统需求细节。

系统安全性分析过程提供安全相关需求。在系统安全性分析和系统架构考虑完成后，系统需求会分配到软件和硬件。如图14－1所示，一些需求会发生重叠，即由软硬件共同完成，所以系统需求不但需要追溯到软件或硬件，还有可能同时追溯至两者。达到此目标的方法可以有多种。有些人只是简单地将系统需求区分并识别为软件需求和硬件需求，然后将其结合在一起形成系统需求规范。最好使用工具开发系统需求规范。如使用DOORS，可在DOORS视图中创建一列，标识出软件需求和硬件需求，这样则可将软件和硬件区分为不同的视图。

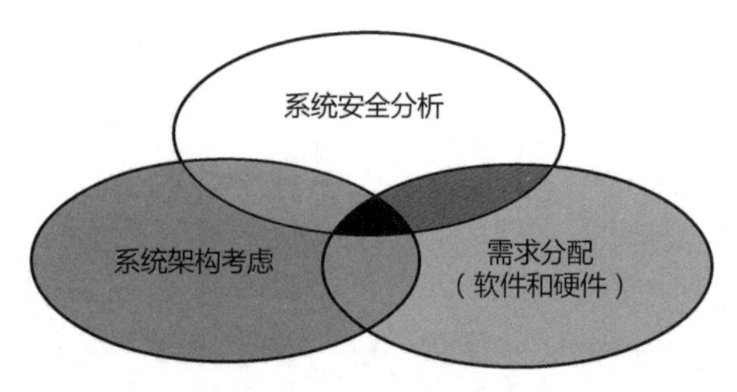

图14－1 系统需求开发

如果使用文档方式完成系统需求规范开发，则需要编写独立的文档。所有的硬件需求、软件需求以及软硬件需求都必须能够追溯到系统需求和设计。

(2) 系统需求分配。

系统需求向软硬件的分配是一个过程的转换点(见图 14－2)。该转换点的进入准则和退出准则是什么？过程实施是否一定要求符合转换准则？这类问题没有确切答案。需求分配不仅是一种科学方法，更是一门艺术，这个过程中经验丰富的系统分析师和系统工程师至关重要，如果发现出色的系统需求分析师或者能编写高质量需求的系统工程师，一定要设法挽留，因为绝对物超所值。

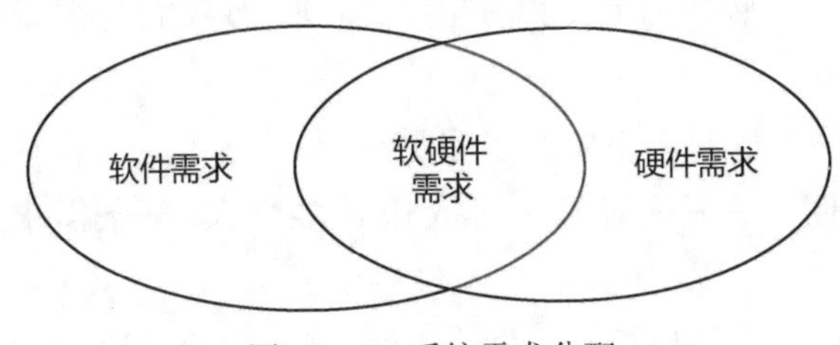

图 14－2 系统需求分配

编写高质量的需求是项目的关键，心之所向，素履以往。如果系统没有明确的说明，那么开发工程师就只能自行其是。如一个任务以 50 毫秒周期执行，就需要在需求里写明是 50 毫秒，切勿使用“快”“较快”等不确定的形容词。

3) 需求的编写

“编写良好的需求对所有类型的系统都至关重要。不能准确地提出需求，就很难得到自己真正需要的产品。”

——Ian Alexander, Richard Stevens

“产品的质量取决于原材料的优劣，粗劣的需求不可能开发出高质量的软件。”

——Karl E. Wiegers

系统需求的编写包括如下要求：

(1) 每条需求都必须严格地提出、分析、文档化和验证。

(2) 每条需求都必须评估其正确性、可行性、必要性、优先级、确定性和可验证性。

产品的质量也取决于原材料的优劣，粗劣的需求不可能产生高质量的软件。DO－178 标准从需求开始的起点，也是软件开发的起点。在前期方案论证结束后，一些系统工程师的做法是开始将需求写入需求工具之中，这是开发过程一个良好的开端。有的系统工程师为了缩短需求开发周期，不做需求追溯或对变更不填写问题报告，这会引起许多问题。系统工程师必须明确定义，并认真遵守系统需求开发流程，每条需求都必须严格地提出、分析、文档化和验证。

4）详细需求的编写要求

系统详细需求的编写包括如下要求：

（1）**正确性**——必须准确地描述要实现的功能！

（2）**可行性**——在已知系统和环境的性能和限制条件下，必须可以实现！

（3）**必要性**——必须记录真实的"客户"需求，或符合外部需求、外部接口或标准！

（4）**优先级**——它是否重要？多重要？

（5）**无二义性**——不论对于一个人还是多个人，每条需求只能提取一种解释！

（6）**可验证性**——可以设计测试或方法，例如检验或演示，以便判断产品中的每条需求是否得到了正确的实现！

（7）**可追溯性**——需求必须能追溯到源！

每条需求都需要有确定的优先级，好的架构设计通常会将系统启动相关需求设置为最高优先级，两个不同的工程师对同一需求应产生相同的理解，因此需求不应有二义性。需求必须可验证，这意味着在阅读需求后，不需花费太多时间即可编写对应的测试用例和测试数据[1]。

派生需求是从工程经验得出的设计决策，必须经过论证，派生功能会被实现，系统中的代码必须能够追溯到低层需求。

假如根据一段代码编写了一段设计描述，可否当作需求使用？视情而定，一些人认为可当作需求，而多数DER认为这不能算作需求，仅仅是留给软件开发人员使用的设计描述，设计应在编码之前完成。

系统的特性是否也是需求？这取决于这些特性在何处明确。在软件生命周期中，有关分配、功能、用户、概念、级别、硬件、架构、设计的要求，无论如何称谓，都是某一类型的需求。只要与功能相关，或是与产生代码相关，对某些开发人员而言，它们就是某种形式的需求（见图14-3）。

软件包含高层需求和低层需求，硬件则有概念定义和详细设计。它们虽然名称不同，但异曲同工。DO-178标准在众多软件"标准"中独树一帜的一个重要原因是，它将需求分为两个或两个以上的层级，大部分公司只提供两个层级需

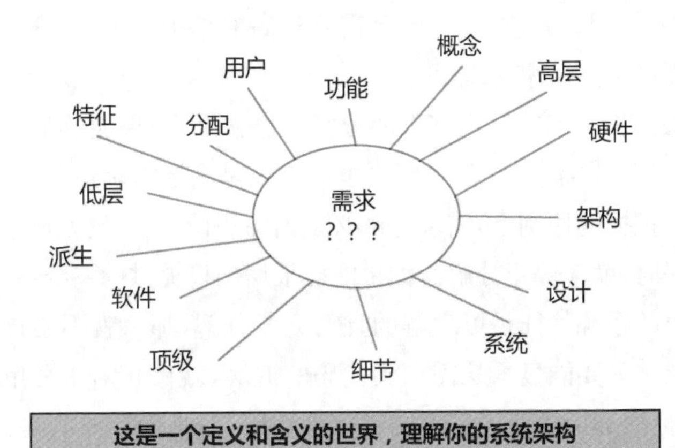

图 14－3　需求的相关特性

求，即高层需求和低层需求[2]。如果希望层级划分再详细些，那么也可以设置一些中间层级。在考虑低层级需求之前，必须首先考虑高层级的需求，这保证了逐层细化过程的完备性。与大爆炸需求模型（指需求一次完成）不同的是，这样做即使不能保证每层需求都是完美无缺，至少确保这两个层级的需求条理清楚，而且这两层需求之间执行了需求的细化过程。详细需求的编写过程如图 14－4 所示。

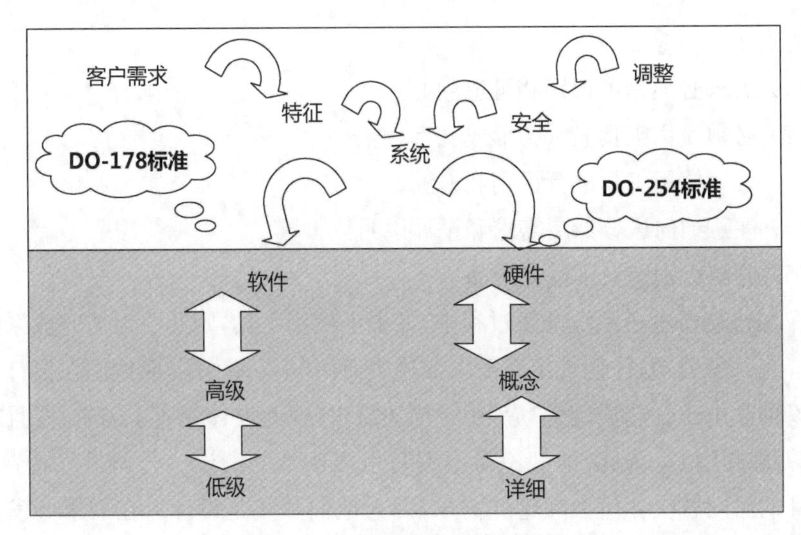

图 14－4　详细需求的编写过程

还要注意需求分解的程度。几年前空军的一个轰炸机自我防御和显示系统项目，该项目使用了结构化分析和结构化编码的方法，成本超过 100 亿美元，每行代码都对应一个需求描述，从最高层需求到最低层需求最多分了 12 个层级。

这样做大可不必，因为其效率低下，且需要过高的维护成本。经验表明，平均每15～20行代码对应一条需求即可。

确定低层需求后就应停止需求的分解。也就是，如果能从某层需求开始编码工作，那么就停止需求分解，不要去争论应该是高层需求还是低层需求，因为没人关心。应把握的原则是，需求分解必须消除假设，当编码人员不需要做任何假设就可编码时，就应停止分解。如果能够根据用户提供的系统特征进行编码，同时用户提出的系统特征是可理解的且已完成分解，那么就不用再编写高层需求和低层需求。只要能显示从需求到代码的追溯，就停止需求分解。DO-178和DO-254标准都指明低层需求能够实现编码，但是最重要的是，需求必须是可标识、可追溯的。

5）详细需求的编写说明

> “低层需求可用来实现源代码。”
>
> ——DO-178标准5.2节
>
> “详细设计数据，是描述硬件项的实现与需求一致所需要的数据。”
>
> ——DO-254标准10.3.2.2节

注意如下事项：

（1）需求必须是可识别和可追溯的。

（2）必须使用工具显示图形或文字。

（3）必须使用工具进行识别和追溯。

（4）注意如何区分低层需求和设计说明！

（5）分解级别定义了最终产品。

在现代航空电子系统开发过程中，如果不使用工具，则几乎无法完成系统追溯。曾有一家公司，他们规定在需求描述中使用“应”这个词，而他们在设计中也使用该词。由于公司惯例是“应”用于描述需求，因此设计变成了需求，并且需要对应的测试用例。为此，他们不得不编写很多额外的测试。公司最终花费了6个多月的时间解决如何去除这些需求，因为他们其实是设计。在需求开发过程中，一定要注意需求分解的方式以及分解的程度，因为它可能会增加巨额的成本，全部的需求都必须经过测试，但没必要对全部设计编写基于需求的测试用例。

译者注：

1. 可验证性是指被验证对象（文档、代码等）提供充分相关信息，使得可通过人员或工具检查其正确性。

2. 软件高层需求和低层需求是DO-178C标准中相对模糊的两个概念，高层需求是通过对系统需求、安全性相关需求及系统架构分析所产生的软件需求。低层需求是从高层需求、派生需求及设计约束中产生的软件需求。软件开发过程可产生一个或多个级别的软件需求。高层需求直接通过对系统需求、安全性需求和系统体系结构的分析产生，在通常情况下，这些高层需求在软件设计过程中进一步开发产生一个或多个较低层次的需求。高层需求和低层需求是相对而言，容易产生混淆，DO-178C标准对此有明确界定，不需要额外信息即可直接实现源代码的需求是低层需求，除此之外是相对此低层需求的高层需求。在一些情况下，如果源代码直接由高层需求产生，那么此时高层需求也被看作是低层需求，并且对低层需求指南同样适用，且合格审定申请人需要对仅产生单一层级软件需求的开发过程做出说明。

15 软件设计

DO－178标准对软件设计的要求充满灵活性，它没有强制要求软件生命周期如何完成，要输出什么文档及遵循什么方法论。这种灵活性使设计人员能够定义自己的方法论：是否使用统一建模语言（unified modeling language, UML）？是否采用结构化的图和表格数据？是否使用结构化的编程语言？

1）软件设计概述

DO－178标准支持设计/文档的灵活性，叙述了软件设计的**四个关键方面**：

（1）低层需求。

（2）接口定义。

（3）数据流。

（4）控制流。

DO－178标准为什么会提供这种灵活性？这与DO－178标准的编撰人员不无关系，工业界和政府的相关人员聚在一起，就是想为航电的安全性寻求共同点，并将其编辑成典，这个文件就是DO－178标准（对应硬件的就是DO－254标准）。参与DO－178标准编制的每个公司都想将其方法论定为标准，但又没有哪个公司的方法论能完全优于其他，各公司之间不得不妥协。最终结果是，DO－178标准在如何完成航电开发方面提供了很大的灵活性，尤其是在设计领域。对于航电设计的多样性和今后的发展，这种灵活性是非常明智的。

2）低层需求

言归正传，需求分解的最终结果就是低层需求。有人认为高层需求是在需求规范中描述，低层需求是在架构或者设计描述中描述。分界点在哪没关系，这就像在现实生活中，人们总是喜欢圈定事物的范围，但事实上两件事物的边界经常是模糊的。如果使用需求管理工具，如DOORS，则需求就摆脱了文档的羁绊。高层需求之后，由一层一层的中间层级对其进行分解，需求分析的中间层级及最终产物可称为低层需求。

只要需求能逐层分解，有足够的细节支持代码正确地实现设计，对各层需求描述的称呼就不重要了，通常一个需求可覆盖15～20行代码。在设计中必须有低层需求和接口定义的表述，接口一般分为内部接口和外部接口，在软硬件内部及软硬件之间，都有外部接口和内部接口的定义，如有多个任务，多个进程，多个类和方法。它们如何交互？总线接口是什么？如何与内存交互？如何与操作系统交互？所有内部接口和外部接口，设计描述或者设计数据信息中的数据流和控制流，都应给出完整定义。

是否一定需要顶层设计和对应的低层设计？也不尽然。军方对于航电系统设计的典型做法，是形成一个顶层设计文档（概要设计）和一个单独的低层设计文档（详细设计），但现在军方几乎完全支持DO-178标准，它本身就提供给设计文档更大的灵活性。同样，军方也在逐步采用DO-254标准，虽然步伐缓慢，但在未来几年内，航电硬件强制要求采用DO-254标准乃大势所趋。无论如何，编写设计文档是必须的，像今天的大部分航电公司一样，在正式的需求过程完成之后，编码过程之前，应进行设计过程并编写设计文档。

大部分人使用数据流图定义数据流，或使用数据字典记录数据流和设计。当然也不乏其他方法，如使用UML定义数据流。数据流本质上是从软件的一部分传递到另一部分的数据信息，采用同步还是异步传输、数据的交互方式、数据的具体含义及数据的内容和格式如何，这些数据流涉及的问题需要在设计文档中明确。

控制流和数据流分析是软件分析和规范时常用的结构化方法，控制流在软件架构层面，以调用树的形式表现，通常按调用层级从上到下、按调用顺序从左到右展示。

控制流也可通过结构化图表方式表现。无论如何，项目需要明确表示控制流的方法。对于在实时操作系统中运行的多个程序而言，需要在软件架构的基础上总结提炼控制流，包括程序以怎样的顺序执行、中断的优先级等，对控制流需要明确的表述。

低层需求处于高层需求和设计信息之间，如图15-1所示。低层需求是设计信息的正式表现形式，当低层需求可直接用于编码时，说明低层需求已分解足够充分。不能笼统地将设计信息统称为低层需求，因为软件测试用例必须覆盖低层需求，如此做法可能会带来大量不必要的测试。相比于设计，DO-178标准更关心“系统是否按照需求描述的方式运行，且是不是安全地运行”。

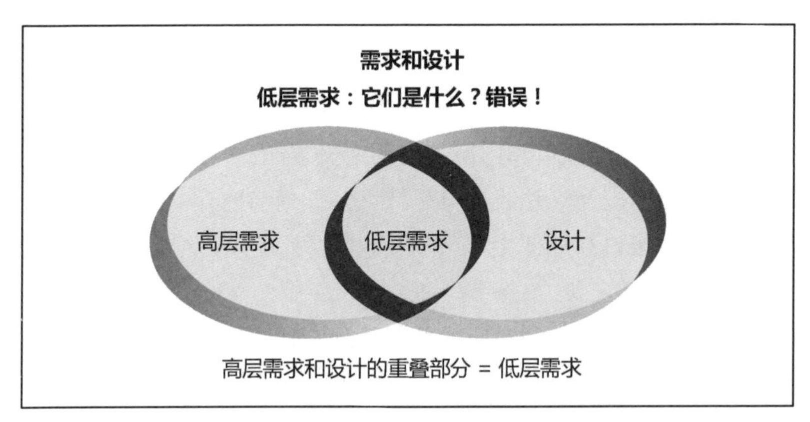

图 15-1　低层需求

3) 外部和内部接口定义

此处描述的接口包括 CPU 相关的接口、图 15-2 中软件组件之间的接口及应用软件之间的接口。有些编码人员对内部接口十分疑惑，可能会产生疑问：关注软件外部接口理所应当，无可厚非，但为什么 DO-178 标准还关心软件的内部接口？答案很简单：软件的评审、测试和更改常常由编码人员以外的其他人员承担，所以其他人对编码也必须充分理解。

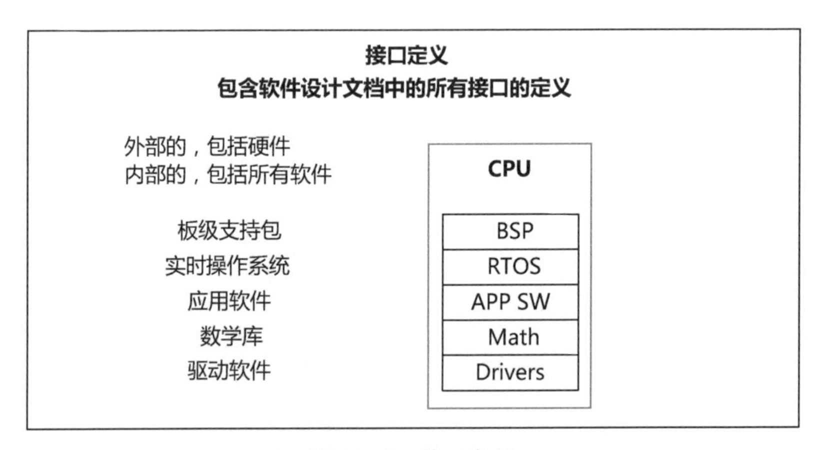

图 15-2　接口定义

4) 数据流和控制流

设计文档应确保覆盖了所有软件模块，数据流描述数据在经过软件时按照设计要求如何被操作。软件文档还应包含控制流信息，用以描述外部数据的处理过程。在软件低层需求之中包含控制流的层级结构，包括控制流在每一层级的操作，包括数据流相关的信息，这样就能达到DO-178标准对软件设计的目标。

控制流是对模块之间控制转移的一种描述，它通常以调用树的形式表示。模块间是什么关系？在何种特定情况下模块之间的调用关系如何？是哪些模块控制低层级模块？模块被何时调用及何时初始化？何时被顺序执行？这些控制流的问题应该在设计文档中准确回答。

数据流和控制流的概述如表15-1所示。

表15-1 数据流和控制流的概述

名称	数据流	控制流
内容对比	按照设计要求操作数据的描述	模块间控制关系的描述
	每个数据源和目的的描述	模块被激活条件的描述
	包括所有模块间交换的数据	包含所有的软件模块
结果	一个数据字典可以罗列所有的数据，包括格式、范围和初始化值	调用树可以显示所有软件模块及其所有输入参数

数据流是将数据流信息列入软件设计文档，具体阐述如下：

(1) 外部数据进入处理流的过程。

(2) 内部数据在处理流中的过程。

(3) 包含所有数据项的源和目的信息。

(4) 包含或参考数据字典。

(5) 包含足够的细节以分析数据耦合特征。

控制流是将控制流信息列入软件设计文档，具体阐述如下：

(1) 外部数据进入处理流的过程。

(2) 内部数据在处理流中的过程。

(3) 包括所有模块的模块激活细节。

5) 软件的耦合性和内聚性

软件设计必须考虑软件工程的两个“C”：内聚性(cohesion)和耦合性(coupling)，如图15-3所示。可将其类比为血液中的两种胆固醇：一种是有益的，一种是有害的。应该增加有益的那种，减少有害的那种。软件设计也是类似，应最大化内聚性，最小化耦合性。软件设计中总是不希望出现紧耦合的模块，如果在软件设计标准中提到了耦合性，那么必须对耦合性的定义进行明确的描述。内聚性也是如此，软件设计总是希望在一个文件(模块)内的所有函数能够实现一个紧密相关的目标。

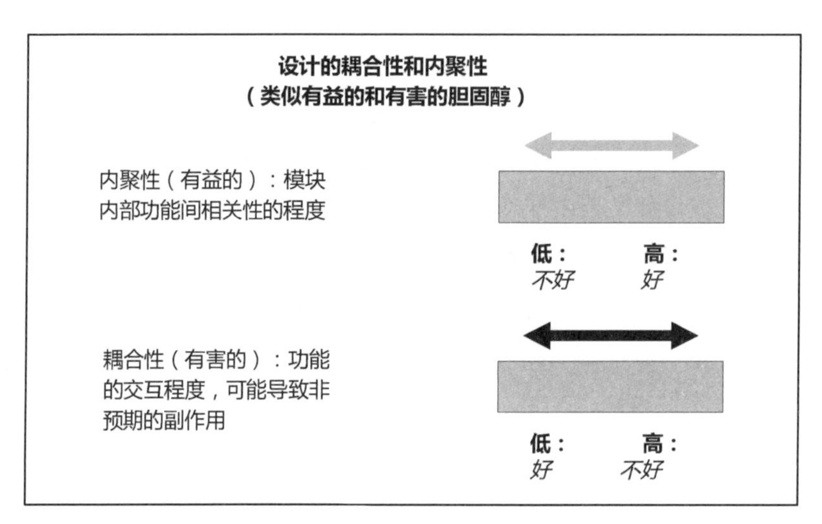

图15－3　设计的耦合性和内聚性

6）软件编码

软件编码时应注意编程语言的规范应用。虽然编程风格人人各异，但编码标准必须统一，应详细定义指针的命名和数量、嵌套循环的深度等。应确定循环控制变量及其初始化方式和最大范围，确定数据类型定义和使用方式，确定抽象和对象定义的准则。

DO－178标准支持实现（编码）的灵活性

事实上任何语言、编译器或者风格都是允许的

要求遵守编码标准

应考虑数组的长度，最大能达到多少？标准的数组长度是多少？数组是否是动态的？总是固定长度？所有这些问题在软件编码之前必须确定。DO－178标准中讨论了编码过程中会面临的如下几个问题：

（1）单元测试。

（2）死码。

（3）非激活码。

（4）代码复杂度。

编码时面临的问题不在少数，DO－178标准对此也仅是浅略涉及。FAA基于成功合格审定项目的经验表明编码主要处理好下面四个问题：① 单元测试；

② 死码;③ 非激活码;④ 代码复杂度。

死码和非激活码的定义如图 15-4 所示。

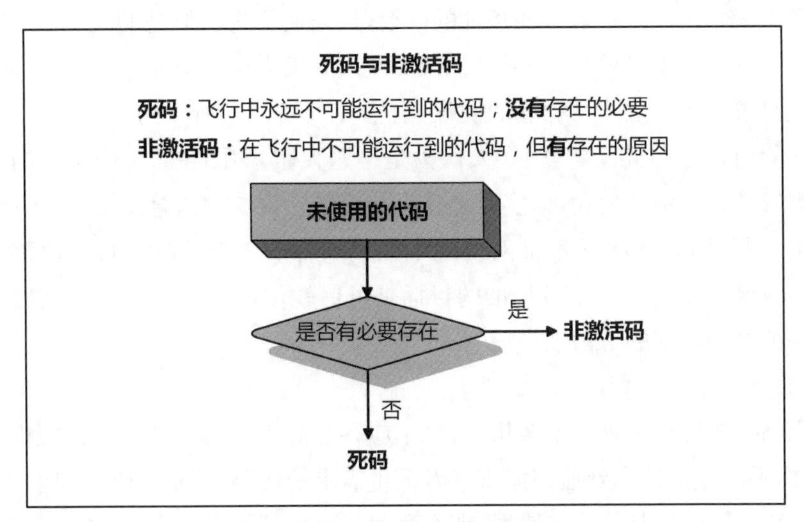

图 15-4 死码和非激活码的定义

众所周知,越简单的代码复杂度越低,越容易测试、评审、验证和维护,也更容易发现错误。复杂度通常通过代码中判断表达式嵌套、循环和潜在的跳转次数(如 go-to 语句)度量。

(1) 单元测试。

单元测试是软件工程的一项通用实践,但在 DO-178 标准中从未直接涉及,它是 DO-178A 标准的遗留产物。单元测试,首先不必认为它是什么不好的工程实践,事实上,单元测试是需要的,并且应该成为软件开发过程中很重要的一部分。理想主义者总是希望确保每个模块都能正常工作,但从 DO-178 标准符合性的观点看,这也许并不是最好的解决方法。因为单元测试是主观性的,而 DO-178 标准是基于客观性和确定性的。什么是好的艺术作品或者优美的音乐?回答只能是相对而言,单元测试也是如此。众所周知的是应该执行单元测试,单元测试是有意义并且是重要的,但作为一个组织机构,很难客观且一致地定义、实现和维护单元测试。那么是否还是应将单元测试严格地记录、评审、纳入配置管理和审计?也不尽然,DO-178 标准更关注单元测试后的验证活动。

有个问题能测试读者对 DO-178 标准的理解程度,答案却不在 DO-178 标准或者相关文档中。这个问题是:“正在开发一款需要独立验证的 A 级或 B

级软件，可否使用软件开发人员编写的单元测试作为正式测试的基础?”仔细考虑一下，测试人员复用开发人员的单元测试，结果不但方便且高效，而且可以最大程度上减少测试人员对未知条件的假设，何乐而不为？但是DO－178标准需要的是正确性而不是效率，如果测试人员复用开发人员的单元测试，那么测试人员仅仅是整理了开发人员构思的假设（有潜在的错误），所以这个问题的答案绝对是“不允许”。对此问题，很多人认为是小题大做，如同在超市中顺手捎带，只要不被发现就可免于处罚，但实质上这是严重的错误。它违背了DO－178标准的基本原则，DO－178标准面对的绝不是鸡毛蒜皮之类的“小问题”，而是生命攸关的航电软件。DO－178标准的目标是可信软件，是以大量的审计点和独立性来保证每个软件的可信性。

（2）死码。

死码是在飞行中永远不会执行，也不应存在的代码，必须从系统中删除。换而言之，不能直接追溯到任何需求或者派生需求的代码，就是死码。如果代码中存在非法指针或者其他潜在错误，那么这些死码就可能会被执行，从而产生非预期的结果。如果代码没有理由存在，那么它就不应该存在。死码的出现一般有下面两个原因。

一是开发者在开发过程中经常添加“实验性”的代码。虽然经过一系列的演变后，这些代码已经与程序无关了，但这些死码很容易误导他人甚至是开发者本身，使其过段时间误以为这些代码是有存在必要的，并留下来以避免令人痛苦的维护。这种情况在一些大型商用产品软件中普遍存在。

二是编译器也会添加一些与需求无关的代码。编译器会添加一些小的代码段，因为编译器的开发者需要对每一行源代码语法作编译和覆盖。严格地讲，这不是死码而是非激活码，因为通过分析可知（在执行结构覆盖之后确认这些代码永远不执行）这些代码不能被删除，但也永远不会被执行。如果项目使用的编译器存在这种情况，那么应注意编译器是如何工作的，添加了什么额外代码。对于A级软件，需要执行目标代码与源代码的比较，目的就是分析因编译器增加的代码是否会对系统安全产生影响。

（3）非激活码。

非激活码是在飞行中永远不会被执行，但按照某种需要（已定义的需求）有存在的必要。它们随飞机上天，不会被直接执行，但潜在地可能会被执行，所以至关重要的是证明其非激活。非激活码的典型例子是通过针脚选择确定软件是否执行。

对于A级或B级软件，单一的非激活机制通常是不够的，如不能仅通过针脚选择确定软件代码是否执行，因为单一机制可能失效。即便是非激活码，同样必须满足该产品关键等级要求的设计保证过程要求，所以非激活码也应通过测试。

非激活码合理性说明

维护软件(飞行中不会激活)

不同的飞行器配置，当一个执行时，其他的不会被激活

机载软件可能工作于多种配置(取决于飞机类型)，因此实际运行时，软件的一部分是激活的，而另一部分是非激活的，如一个软件同时应用于波音747和波音737飞机，把波音747飞机的代码部署于波音737飞机的计算机上，波音747飞机的代码也必须测试。

非激活码的处理

如果非激活码被错误地激活/执行，怎么办?

错误的指针

对每个关键等级全部应用DO-178标准

需求、文档、评审、测试

需要测试非激活码在执行时的结果。当非激活码被错误执行时，应通过机内自检等手段报告错误。如果内存管理单元(MMU)未检测到内存分配错误，导致系统挂起，那么“看门狗”应成为错误缓解的终极手段。“看门狗”的实质是在代码的执行路径中植入一个定时器。换句话说，当代码执行时，控制必须经过某些模块，当其经过该路径时“看门狗”便会受到特定形式的影响，这使得代码的执行具有一定的确定性。

对特定关键等级的软件，DO-178标准是对全部软件适用，因此非激活码的关键等级与所在软件的关键等级一致，不打算执行并不意味着不会执行。非激活码也应有需求、文档、设计、评审、测试和验证，所有要求对非激活码毫无特殊，一视同仁。

(4) 代码复杂度。

代码复杂度：

与软件质量/安全相关

像单元测试一样，FAA并没有定义规范

如McCabe

McCabe复杂度矩阵：

从0到X的一个整数值，与源码功能的“复杂度”相关

代码复杂度应作为保证软件质量和安全性的一项标准。与单元测试一样，FAA对此并无规定或强制要求，但一些DER希望检查代码复杂度，尤其是对嵌入式系统的安全关键代码。对代码的复杂度应定义相关标准，一种典型的标准就是McCabe复杂度，得名于McCabe本人，是一种很流行的代码复杂度评估方法。代码复杂度的意义在于，如果评审人员或测试人员不能读懂代码，或者循环嵌套太深，那么就很难正确地评审或测试代码。

McCabe复杂度驱动因素：

分支

循环

入口和出口点个数

case/switch语句

嵌套层

go-to语句

请注意：使用McCabe的最大值应为8～10；应在编码标准中定义。

循环多级嵌套不是良好的工程实践。至于软件入口点和出口点的个数，多数标准认为应该只有一个入口和一个出口，但实际工程实践中很难完全遵守。这就是为什么需要了解递归调用，确定性的代码不允许递归调用。

case语句有可能会增加复杂度。在一个case语句中可能存在死码，这个死码就是default语句。编码人员有时对default语句感到进退维谷，编码标准要求必须要有default语句，而加上default语句又可能导致死码。

事实上，default语句属于防御性代码，是一种标准的编码实践。结构覆盖分析时可能永远不会覆盖default语句，因为它永远也不会被执行，所以不必测试。default应当作死码被删除？也不尽然，需要分析它是否符合编码标准，防

御性代码是允许存在的。

go-to 语句一般不是软件开发中的良好实践，但当编码时陷入困境，偶尔使用也会受益良多，所以对 go-to 语句不应因成见而区别对待。强烈建议 McCabe 复杂度的最大值介于 8 到 10 之间，这是 DER 通常认可的，是软件遵守标准的一个标志。如何确定每个函数的 McCabe 值？如果项目没有时限并且人员充沛，那么可以手工精确地计算。实际上，可以使用软件工具，如 PolySpace 或 Green Hills 编译器，它们都能自动计算 McCabe 值。

7）软件复用

软件复用的常见问题如下：

(1) DO-178 标准允许软件复用吗？

——间接地允许。

(2) 如果使用复用，可以跳过某些步骤吗？

——当然不能。

(3) 软件复用可以节省时间或成本吗？

——通常不能。

> 如对一个古建筑重新建模，只有“重建模”非常少的时候才能节省成本，如 90%的基线都不变，因此对于适用 DO-178 标准的软件也是一样的道理。

DO-178 标准是否支持软件复用？虽然没有明确说明，却也支持。DO-178 标准是为自顶而下开发的、新研的、定制的软件而编制的，但在第 12 章中，允许先前认证软件、先前开发软件方式实现复用。实现软件复用，可以在取得先前软件的文档和编码后，按照项目计划定义的配置管理和质量保证过程，将文档、代码纳入配置管理，并开展质量保证活动。

软件复用，不等于全部代码直接沿用，而是通过复用实现软件部件代码在不同项目之间的相互应用。对已具备的代码，只需通过再工程方式，引入当前项目之中，这种方式在 DO-178 标准没有提及，项目可以定义一个符合标准的再工程过程支持复用。如果使用复用开发，则毫无疑问能够减轻编码阶段的工作量，但不能忽略 DO-178 标准要求的计划、需求、追溯、评审、测试和文档活动，这些活动不能省略或简化。

复用的软件同样需要经过合格审定过程，如同对 COTS，即便以前被复用过，还是必须一遍又一遍地被审定。软件复用是否节省时间和成本？许多职业项目经理认为复用并不是一个好方法，这也许会花费更多的时间理解别人的代码，而后准备DO－178标准所要求的各项文档。相比而言，基于需求和设计从头开始编码更容易，一些项目管理人员对此心存疑惑，但通过对大量航电项目经验的总结，这却是事实。所以，软件复用经常被一厢情愿地认为能够节省时间，其实未必，因为DO－178标准需要回头去完成所有的需求开发、设计、评审和追溯。

只有当基线的90％保持不变时，在复用基础上的构建才会节约成本。如果对复用系统十分了解，且具有所有数据，就像对实时操作系统或库函数的掌握程度，并且变更又很小，那么复用就是一个高效的方法。

译者注：

1. DO－178C标准要求的软件设计活动多于低层需求、接口定义、数据流及控制流四个方面，包括：第一，软件设计过程中所开发的低层需求和软件架构应符合软件设计标准，并且是可追溯的、可验证的和一致的；第二，应定义和分析派生的需求，以确保派生需求不与较高层次的需求相矛盾；第三，软件设计过程活动可能将某些失效模式引入软件，或排除了某些失效模式。在软件设计中采用划分或其他体系结构方法，可能会改变对某些软件部件的软件等级分配。在这些情况下，应定义附加数据作为派生需求，并把这些数据提供给系统安全性评估过程；第四，软件部件之间的数据流和控制流接口，应在软件部件间定义一致；第五，当与安全性有关的要求强制规定有诸如看门狗定时器、合理性检查器和交叉通道比较器时，应对控制流和数据流进行监控；第六，对失效情况的响应与安全性有关的要求一致；第七，在软件设计过程中发现的不充分或不正确的输入，应反馈给系统生命周期过程、软件需求过程、或软件计划过程，予以澄清或纠正。

16　单元测试

DO－178标准从未表明需要做单元测试，甚至没有讨论单元测试的细节，而现实情况是许多项目对单元测试乐此不疲。通过单元测试也的确能够发现很多错误，项目团队为此也许经历了很多手工操作，构思设计了很多测试用例，但是，在很多情况下这些测试可能是建立在软件源代码基础之上，而非该软件所依据的需求之上。通常通过单元测试能够发现大量琐碎的错误，这被某些人作为必须执行单元测试的论据，所以开发人员会谨小慎微，以确保编写的代码能够通过单元测试，对每个单元都开发了大量的测试数据和用例，建立了测试环境。这些程序和被测单元被链接起来，为保证单元测试的运行而建立了大量的桩和驱动。

1）单元测试活动

单元测试活动包括如下内容：

（1）开发测试数据和测试用例。

（2）搭建测试仿真环境（通常将桩和驱动程序链接入单元级别以下的测试）。

（3）运行测试用例以判断代码和分配的需求被覆盖。

（4）评估测试结果，生成报告。

接下来，运行该单元的测试用例，执行代码覆盖分析，以上过程看似天衣无缝，而恰恰说明了问题所在。FAA并不希望在单元层面做代码覆盖分析，这是因为FAA不但希望测试系统的功能，而且期望测试覆盖是基于真实的应用场景，而非通过一个精心设计的单元测试。软件部件通过单元测试几乎总是能够实现100%的覆盖，因为单元测试总是站在单元的视角去构造测试用例，而不是站在整个系统的角度。显而易见，只有在系统的角度才能够更加接近真实地去驱动被测单元，FAA对此十分明了。单元测试最终将实现对所有语句、判定和MC/DC的百分之百覆盖，但这并不意味着系统就经过了完备的测试，或者功能需求测试足够充分，足以执行回归分析，并证明系统运行很好。

在最后阶段，会有测试结果的评估和测试报告的生成。假如有50 000行代码，平均50行代码一个函数，这会产生很多单元测试，数量会有一千个之多，从如此众多的单元测试之中能得到什么？FAA不希望在单元层面做代码覆盖，也往往不接受这种做法。那么，真正能从单元测试中得到的只有对单元测试结果的评估、对软件单元的同行评审。平心而论，这的确是有益的，但却是以高成本作为代价，尤其是当单元测试的结果并不被正式的DO-178标准测试认可，或并不能复用时。

2）单元测试过程

对开发人员执行的单元测试过程具体阐述如下：

（1）这是一项劳动密集型工作。

（2）单元测试会消耗50%的开发预算。

（3）一行源码至少要生成一行单元测试代码。

（4）准备测试可能花费单元测试75%的工作量。

（5）因为未考虑重用，单元测试不能复用，所以每次要求重新开发。

单元测试过程是一个人力密集型过程，可能消耗50%的开发预算。试想所有可能的函数单元，读函数、写函数、平方根函数、比较函数，功能零散，单元测试的结果是平均一行源码对应一行测试代码，许多测试用例和数据其实是额外的，不需要的。准备测试用例、测试环境这些工作占据整个单元测试工作量的75%，测试程序的更改需要通过变更过程，测试发现问题需要问题报告，而工程的实际情况是在做单元测试时，源码会经常发生变更，造成被测单元与实际应用单元不一致，项目后期更难维护。单元测试工作量如此巨大，FAA和DER对此心知肚明，DO-178标准在编制时就试图剪裁单元测试，目的是为了减少工作量同时提高独立性。

3）手动实施单元测试

手动实施单元测试不被DO-178标准认可的基本原因包括如下方面：

（1）依赖开发人员个人的判断力，而并非DO-178标准所要求的具有客观性。

（2）手动完成或者使用自研的工具。

（3）看起来像一种艺术形式而非工程。

（4）对管理者来说很昂贵。

（5）QA审查及同行评审困难。

(6) 难以对测试工作定价。

(7) 一旦集成测试完成便被抛弃。

尽管没有强制要求,但单元测试对软件开发还是很有价值的。通过测试记录会发现,较之正式测试,单元测试阶段通常能发现并防止更多的错误。在开发合适的单元测试用例的同时,其实执行的是对软件单元的同行评审,对照设计描述检查代码是否精确地符合了标准和需求。这是单元测试工作的重要部分,但这部分可通过同行评审完成,而不用开发测试用例和真正地运行测试,对照检查很大程度上取决于测试人员个人的判断力。

如果未执行单元测试,那么如何做鲁棒性测试?这可在高层需求测试和结构覆盖分析时完成,但需要更多的深入考虑。鲁棒性测试不能仅仅基于软件本身,而应在软件测试人员通过代码评审对需求充分理解的基础上。

在单元级别或是编码级别做鲁棒性测试是没有意义的,除非仅仅为了测试失效,如循环、循环计数器。测试如果它们越界会发生什么,这类的鲁棒性测试仍然是有价值的方法,但成本太高,通常一做完集成测试就被抛弃了。而在高层的集成测试,包括硬件/软件集成测试和软件/软件集成测试后,大部分的单元测试的结果都被抛弃了。

对单元测试手动执行具体阐述如下:

(1) 确定要测试的单元范围。

(2) 确定对哪些单元插桩。

(3) 构建桩程序。

(4) 构建测试驱动以运行单元测试。

(5) 编译/链接测试,纠正编译错误。

(6) 运行测试驱动主程序。

(7) 收集测试数据结果并编译到一个可读的格式中。

(8) 为每个测试用例构造测试报告,包含到软件开发文档集合确定源码覆盖程度。

(9) 运行下一个测试用例。

单元测试通常是一个手动过程:构造桩程序,运行测试驱动主函数,建立每个测试用例的测试模拟/激励。这些活动还不够自动化。如果计划做单元测试,那么要尽量使单元测试自动化。单元测试也是对代码的一个很好的审查过程,可以使用自动化工具,如 Vector Software 公司的 VectorCAST 工具,在部分项目的使用表明,该工具可有效辅助自动化测试工作。

什么是软件单元，或什么是软件的一个小的功能？对此定义颇具意味。首先必须对其进行定义。软件单元是否就是一个函数？如果不是，那么多少个函数可定义为一个单元？如果软件单元被定义成系统中一个较大的集成部分，且该部分能够追溯到需求，这将有很大的不同，那么这其实就变成集成测试。DO－178标准希望在需求级别做集成测试，尤其是要尽量使用真实目标机硬件，这其实是进一步摒弃了传统的单元测试。

如果将以上情况称作单元，那么此类的测试过程是值得期许的，通过这样的方法所产生的结构覆盖分析可作为合格审定的证据。在理想情况下，当执行结构覆盖分析时，总是希望集成和构建整个系统，然后对被分析的部分实施插桩。尽管是执行结构覆盖分析，FAA仍然希望看到整个系统的运行情况，尽管有时候并不能实现。

4）自动化测试

自动化测试有如下好处：

（1）一致的测试方法/文档。

（2）快速回报（节省工作量并提高质量）。

（3）避免编写一次性的测试软件。

（4）满足MIL－STD，FAA，美国食品药品监督管理局（Food and Drug Administration，FDA）和自动化测试报告的需求。

（5）允许更迅速地开始测试（插桩）。

（6）支持目标机测试（VectorCAST）。

（7）删除于测试无意义的任务。

（8）通过少量的培训，即可将开发人员的手动工作自动化。

（9）通过自动化测试过程，帮助提高SEI成熟度。

（10）使单元级别的回归测试成为可能。

自动化测试对于回归也有好处。如果测试自动化，那么执行回归只需简单地点下按钮，不但可避免编写测试软件，而且自动化测试可重复使用。在某种程度上它可以满足FAA的要求，取决于其如何实施。

DO－178标准关于软件测试和其他环节的一个关键问题，就是需要将软件验证和软件测试整体考虑。在许多军用软件项目中，都编写了软件测试计划，而在DO－178标准中要求包含评审和分析活动的软件验证计划。软件验证不仅仅是在目标机模拟平台或其他平台上执行的软件测试，软件验证和测试不是顺序执行。它们应并行地开始，起初需要较少的人力，然后随着需求和设计的增多逐级发展人力逐步增加。

如果在项目末期才做验证和测试，那么可能面临巨大的成本和进度的推迟。许多项目倾向于在末期才配置人员开始验证，结果是花费大量的工作去追赶进度，项目成本会因此翻倍甚至增至三倍。这种增加不仅仅是验证成本的增加，而是整个项目成本的增加，所以 DO-178 和 DO-254 标准在项目生命周期内并没有专门定义一个具体的"测试"阶段，而称作"正确性验证"。它包括测试、评审等，所有这些活动，理想情况下应在项目一开始就启动，并贯穿于整个生命周期。

在错误可能出现的各个阶段遏制其发生，是 CMMI 3 级和 4 级的要求，这就是为何 CMMI 和 DO-178 标准之间有一定的相关性。尽可能早地开始验证计划并且执行计划，写代码前先写测试用例，这样可以改善需求，所以编码人员对需求会有更好的理解，从而进行设计和开发，应该在项目早期就配备验证人员。

很多项目并不遵循瀑布模型，它们已经具备工作原型和项目源码。开展这类基于逆向工程的开发、需求、设计和追溯性活动的活动策划时，同时应启动验证任务，所以要制订相应的活动计划。

计划应符合实际，并不必总要遵循瀑布模型。很多项目可能已经有工作产品了，计划就不应该先开发需求和设计，然后编码。这并不符合实际，因为工作代码已经就绪，所以关键是要遵循计划，并且尽早地开展验证活动。

17 软 件 测 试

在 DO - 178 标准之前的理念中，普遍认为通过测试可以改进软件质量，多年以来倍受推崇。时至今日，当询问任何一位头发灰白、经验丰富的航空电子工程师有关测试的问题时，都会被告知“测试可以评估和间接改善软件质量，但并不一定能直接改善软件质量”。这也是 DO - 178 标准的争论焦点之一。测试（此处意为“验证”）是正确性验证过程的一部分，用于评估每个系统的“正确性”，此评估能够用于改善需求、设计和实现的质量。

1) 测试的类型

DO - 178 标准中将测试分为功能测试、正常范围测试、鲁棒性测试和结构覆盖测试四类[1]，如图 17 - 1 所示。在通常情况下，希望所有验证测试仅在这四类范围中进行，通过在目标机环境中运行测试用例实现对代码的覆盖。当然，这

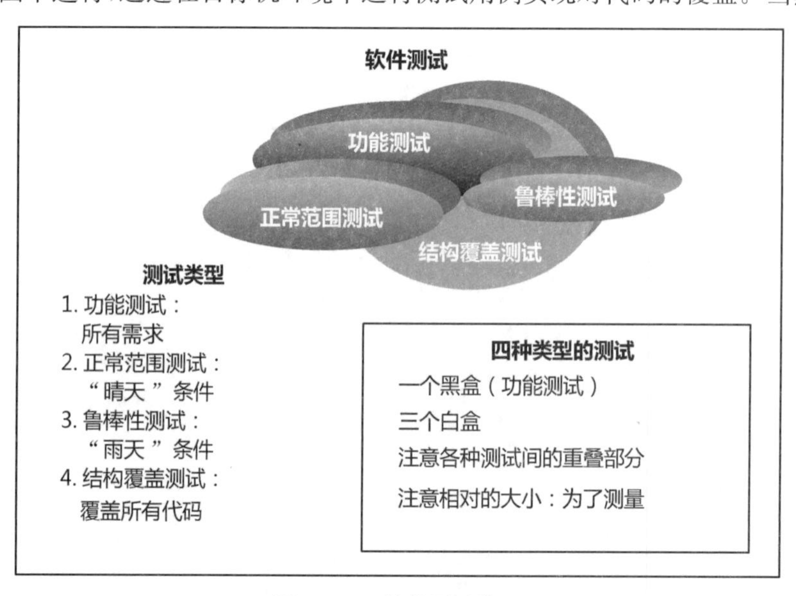

图 17 - 1　软件测试类型

只是理想状况。实际上，对A、B和C级软件，仅通过这四类测试实现软件测试目标要求的实例属凤毛麟角。对D级软件存在这种可能性，原因是D级软件只需展示软件需求可追溯至系统需求及高层需求，测试用例覆盖了所有需求。D级软件甚至可以不用进行鲁棒性测试，更不涉及结构覆盖分析。

对于D级软件，不存在针对低层需求的测试，也不存在结构覆盖测试，D级软件只进行简单的需求测试，这就是D级软件和C级软件认证成本存在很大的差距的原因。必须说明，即便对于A级软件，DO-178标准也总是希望在最高等级的集成环境中执行测试。

第一类测试是功能测试。能否仅通过黑盒测试，通过对输入的遍历及对应输出的检查实现软件验证的目标？一般来说，软件架构中的30%～40%是用于错误处理，在系统层面很难实现对输入激励的精确控制，所以也应该有低层测试，功能测试主要用于覆盖系统和软件的功能。

第二类测试是正常范围测试。正常范围测试主要测试通过软件设计实现的软件在正常条件、正常输入情况下的功能，可通过模拟或演算的方法检查软件是否按照预期执行，是否能够在正常操作条件下按照预期的方式运行得到预期的结果。

第三类是鲁棒性测试。鲁棒性测试主要测试场景为在真实操作场景中不经常发生的异常情况。鲁棒测试有时也称作“雨天”条件测试，即测试软件在非正常条件下如何运行，主要做法是通过错误注入发现“在正常操作条件下将不会发生的情况”。众所周知的是软件的运行存在不确定性，运行结果并非一成不变。鲁棒性测试通过人为错误注入的方法，保证软件在任何情况下按照预期执行，如对参数取值范围的测试，在鲁棒性测试时需测试界外值、边界值及相关压力测试（一般包括极大值、极小值、正、负、零等情况）。

以上三种测试就是面向软件代码，通过功能、正常范围及鲁棒性测试，尽可能对软件代码实现的功能进行遍历。在一般情况下，通过功能测试、正常范围测试和鲁棒性测试，依据代码复杂程度的不同，可实现测试用例对源代码70%～80%的覆盖。如果软件需求不准确，或低层需求及设计不充分，则测试或覆盖率分析的结果就会大打折扣。此时，不得不重蹈覆辙，通过改进需求及测试提高测试覆盖率。当然，这意味着项目会付出更大的成本，因为对A、B和C级软件不得不进行结构覆盖分析，而结构覆盖意味着大量的代码分析和验证工作。DO-178标准总是希望尽量在高层级开展软件验证，因为只有在高层级才能和真实情况相近似，并且获得尽量高的软件覆盖率。

第四类是结构覆盖测试。结构覆盖测试是对需求和测试完善程度的一种分析，仅此而已。结构覆盖测试也是软件验证与测试的退出准则，最理想的情况是“在系统层级进行了所有测试，并且软件的结构覆盖率也正好达到100%”。果真如此，软件验证和测试活动可立刻停止，无须再执行任何附加的测试活动，因为对软件的测试其实永无止境。

DO－178标准的早期版本DO－178A标准并不强调系统级测试，DO－178A标准要求：“执行功能测试、正常范围测试和鲁棒性测试，而后通过附加测试进行结构覆盖分析，以测试以前未曾测试的代码结构。”这意味着两套测试用例，在功能测试、正常范围测试和鲁棒性测试用例以外，单元测试通过对代码执行的遍历满足结构覆盖要求。许多公司受此怂恿，将单元测试分离出来，以外包的方式开展单独的结构覆盖测试。但这种形式的测试很少能发现问题，这种方式实现的所谓覆盖率并非DO－178标准所希望的覆盖率。对代码实施分离的结构覆盖测试，仅仅是遍历了代码，几乎没有关注代码在真实环境下的运行状态。

DO－178标准的结构覆盖是一种分析，并不是一种测试。通过结构覆盖分析检查功能测试、正常范围测试和鲁棒性测试的执行情况，而后对未覆盖部分增加测试用例。目标是通过功能测试、正常范围测试和鲁棒性测试实现了覆盖率要求，果真如此，就无须针对结构覆盖本身增加测试用例，测试人员无须特别关注结构覆盖，因为测试的退出准则已满足，软件测试就此结束。

2）测试常见的问题

一个常见的问题是，软件测试人员挖空心思开发了所有可能的功能测试，通过对外部激励在正常条件和边界外条件的控制实现了正常范围和鲁棒性测试，软件的结构覆盖还是不能够达到100%，这是什么原因？

首先，问题有可能出在需求上。未能实现100%或接近100%的结构覆盖，原因是用于开发测试的需求不够完备。此时需要细化需求，将其映射至所有的功能，保证所有对应的低层需求已经被开发、追溯及验证。代码应追溯至开发代码所依据的需求，实现对需求功能覆盖的同时，应实现对代码的覆盖，所以只要需求完备，测试人员所需要的就是增加基于需求的测试用例。

怎样执行鲁棒性测试才算充分？对此没有好的评判依据，更不幸的是，DO－178标准对此也模棱两可，这是因为，鲁棒性测试在很大程度上取决于需求和实现（代码）。如果DO－178标准是一个一应俱全、包罗万象的文件，它将必须解决所有可能类型系统、设计和实现的鲁棒性，那么该文件将会有几万页的规模，最终结果将是无人问津，更别说照章遵循。因此，DO-178 标准在这些主观问题上必须有点含糊，鲁棒性测试便是其中之一。

鲁棒性测试起始于考虑如何使软件运行异常，这就是鲁棒性测试的要求。这样，可以向 FAA 的合格审定官员证明项目产生了鲁棒性测试用例，并记录了鲁棒性测试的结果。

此外，对鲁棒性测试没有指标要求，如并不要求进行 10%或 30%的鲁棒性测试，只需针对需求和代码酌情开展，因此需要确保需求中具有边界值、错误值、最小/最大值等的需求得到完全测试。通过对源代码的评审，进一步增加此类测试，这些就是鲁棒性测试的全部内容[2]。没有任何法则规定软件测试用例的数目要求，如“在本系统中，应包含 30 个鲁棒性测试、50 个功能测试和 25 个正常范围测试”。对如此众多类型各异的系统和软件，如此要求本身就不切实际。事实上，在一个系统内，可以确定的是，一些需求和模块必将需要更多的鲁棒性测试，而其他则不以为然，而这些情况往往都存在于每一个单一系统之中。黑盒测试和白盒测试在功能测试、正常范围测试和鲁棒性测试方面往往存在重叠，重叠意味着出现一定数量的重复和交叉。重叠在此有益无害，DER 将评审此类重叠，以确保测试的完备性。反而如果没有重叠，那么毫无疑问，说明测试有所缺失。

如果部分软件结构通过功能测试、正常范围测试和鲁棒性测试仍不能满足结构覆盖要求，那么可通过分析增加额外的结构覆盖测试。这种测试与单元测试类似，目的就是覆盖源代码，需独立开发，且应追溯至高层需求或低层需求。

黑盒测试和白盒测试之间有何差异？如图 17-2 所示，简单来说，黑盒测试是在不知道内部实现的情况下，根据已知的输入和输出开展的测试。由于需求规定了应实现的功能，因此输出是明确的。白盒测试是通过评审代码，选择输入并估算输出执行测试，或根据实际代码执行，人为制造断点或注入模拟数据错误执行的测试。

白盒测试可测试一些通过外部输入组合难以调用的函数，或对一组函数或模块，通过主调函数实现对其调用，进而实现对软件结构的遍历。DER 对这种方法褒贬不一，多数持否定态度，总是希望尽量避免使用这种测试，但有时，的确也是除此而外，别无选择，因此白盒测试还是不能被完全放弃。

软件的开发依据高层规范、软件需求、低层需求和设计数据，而白盒测试主要用于覆盖低层函数。当软件开发、测试依据高层系统需求，而测试用例不能实现对软件代码的结构覆盖要求时，应增加为覆盖代码对应的低层需求，并依据低层需求进行白盒测试。无论如何，需求、代码和测试用例之间应存在对应追溯

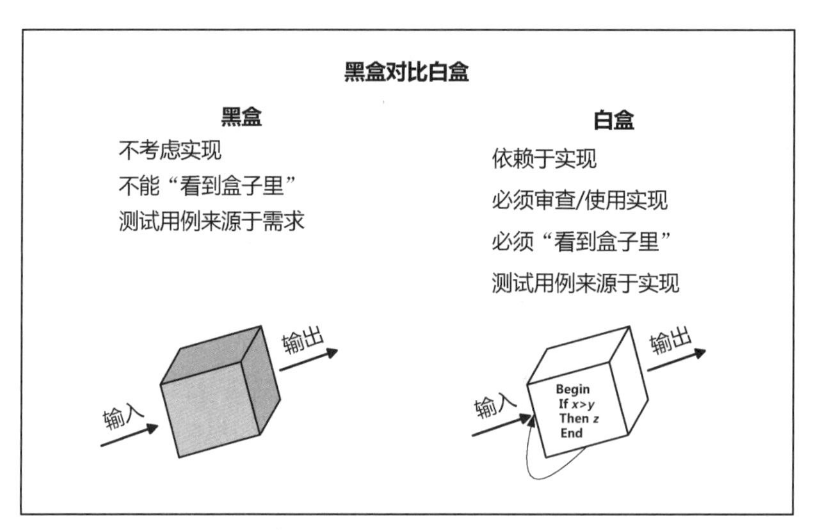

图 17-2　黑盒与白盒测试对比

关系。

一些需求可以在软硬件集成测试平台上测试，这意味着可以在代表目标机的仿真平台上执行测试。仿真平台配置与目标机不一定完全一致，可通过母板加处理器模块的方式，或使用软件仿真器，但都必须具备期望的交互能力。

非目标机环境(包括宿主机、仿真器等)不能完全取代目标机，因为一些测试必须在真实的目标机上执行，不能因为仿真环境和目标机环境对激励响应相同而取消基于目标机的软硬件集成测试，因为时序可能不同。有关时序的测试应在软硬件集成的目标机平台中执行，这十分重要。软件集成测试是测试软件功能模块之间相互依赖的功能，不需要在目标机平台中进行，因此其测试的仅是软件/软件集成。

3) 需求与测试

低层需求测试通常基于软件架构或设计(低层需求)，属于以上测试分类中的一种。低层需求测试还是主要关注测试用例对低层需求的覆盖程度，因为还没有到结构覆盖分析阶段。通过对测试用例的评审检查其对低层需求的覆盖，如“低层需求共 425 条，在功能测试、正常范围测试和鲁棒性测试分类下共包含 1 500 个测试条件，目前测试用例已完全覆盖了 425 条低层需求”，或者“已覆盖了 425 条低层需求中的 400 条，需要增加 60～80 个测试用例覆盖剩余 25 条低层需求”。这样做是因为在进行低层需求测试时，需求有可能并不完备，当后期结构覆盖分析存在差距时，仍可能需要通过增加需求达到测试目标。对此 DO-

178 标准充满灵活性，且要求合理。DO-178 标准较少关注所采用的途径，更加关注目标是否实现，目标当然就是安全的确定性软件。该软件当然也可具有可重用、可维护、低成本的属性，但相比而言，DO-178 标准更关注安全和确定性。

从软件开发进度的角度看，DER 建议在需求过程启动后，负责追溯及测试的验证团队即同步开展工作。验证团队不需要诸如 30 位测试工程师这样庞大的规模，先期两三人足矣。他们需要与开发团队一起评审需求，确定每条需求的验证方法，他们需要考虑需求是否可测，如果需求不可测，那么就应停止需求编写。

应尽早开始测试用例的开发。项目早期代码、目标机（可能是根据 DO-254 标准并行研发）可能尚未具备，但可与验证团队一起开展早期的评审和分析（如高层需求评审及分析、软件架构评审和分析、低层需求评审和分析等），确保验证人员独立于需求编写人员。这样做可保证需求和测试的充分性。

有人问："如何知道测试用例已经覆盖了多少代码？"当软件代码规模在 3 000 行以上时，就尽量不要人工处理，最好使用结构覆盖分析工具。基于功能测试、正常范围测试和鲁棒性测试的结果，通过结构覆盖分析工具可得出代码的覆盖率结果，如测试用例已覆盖了代码的 92％或 78％。覆盖率不是一个判定好坏或正确的试金石，它就是一个数字。当功能测试、正常范围测试和鲁棒性测试完成时，测试用例应覆盖了"绝大多数"的软件代码。

对 DO-254 标准而言，目前工具尚未达到业界期望的成熟程度。DO-178 标准工具链出现于 20 世纪 90 年代早期，时至今日虽仍然不尽完美，但确实有了很大的改善（事实是根本不存在什么完美工具）。单一工具可能不具备所有期望的功能，因此必须使用数个工具协同工作。工具供应商的宣传有时会夸大其词，因此对工具应仔细审查，找寻最适合项目特点的工具。

在实际开发中，有时会发现部分代码没有对应的需求。当需求增加时，测试就变得不完整，需要进一步增加测试，并再次进行覆盖率分析以期得到更高的覆盖率。这是项目最昂贵的地方，会占据整个项目预算的 35％～50％。如果可能，则尽量将其保持为接近 35％，最多到 40％。测试的目的不是改善质量，而是证明功能性，即软件按照规定的功能执行。质量源自软件生命周期中的其他活动，如纠正措施、评审和分析。结构覆盖分析可能是最低效，且最昂贵的侦错方法。虽然它十分有效，但其本质就是判定软件测试是否可以结束的一种分析方法。根据通过结构覆盖测试发现的错误的数量，会发现项目花费了大把的钞票却发现了极少错误，不过，这些错误都非常重要。

DO－178标准软件测试：验证和间接提高质量。

测试是发现错误的一个昂贵的阶段：

（1）提高质量的一个低效率的方法。

（2）“正确性验证”（correctness），不是“测试”（testing）。

（3）结构覆盖的工作效率很低，但却是必需的。

（4）针对集成的软件进行测试时质量最高。

（5）单元测试是非异步的或非真实环境的，其存在很多假设。

经常出现的一个问题是：“如何表明结构覆盖测试的追溯性？”结构覆盖测试必须从测试追溯至其所覆盖的代码，不必再从代码追溯至需求，因为测试用例已经直接追溯至需求，即实现对代码功能覆盖的测试用例应直接追溯至软件需求。测试在需求链中所处的级别越高，它所具有的价值就越大，因为它更接近真实环境。如果在代码级执行了所有测试，而且只是根据代码编写测试用例，那么发现的错误将大大少于在集成测试级别所发现的错误。

功能测试＝需求

（1）哪些需求？

a. 软件需求。

b. 高层需求。

c. 低层需求。

（2）测试方法＝“测试”，而非演示，检查或者分析。

DO－178标准要求测试用例覆盖所有代码实现的功能，这些功能包含于高层需求和低层需求之中。在一些领域中，功能还需要通过对需求的进一步分析得到，应尽可能为功能开发测试用例，因为测试是获取确定性的唯一方法。在其他标准中，如以前的军用软件测试标准中，将测试重点放在评审、分析和演示上，将它们当作可接受的测试方法。问题于此：当仅仅使用评审、分析和演示的方法时，能否客观地、确定地开发出一致性的测试？对此问题的答案十分确定，是不能。评审、分析和演示很难保证实施的一致性，因此DO－178标准强调应将测试作为验证的适用方法。

测试可使用不同的平台，无论何种平台，需要在平台上实施物理的测试过程。分析和演示是一种一次性事件，手动实施，每次软件修改后，都要再执行一次。黑盒测试执行的越多越好，通过黑盒测试实现的覆盖率越高，从 FAA 和 DER 处获得的置信度越高，软件测试的质量也就越好。

4) 等价类

例 1　合法的电压范围 24.0～28.0 V

问题：

(1) 是否测试 24.0～28.0 V 间所有可能的值？

(2) 边界是什么？

(3) 必须测试多少合法范围内的电压值？

例 2　正弦函数

问题：

(1) 正弦函数来源于哪里？

(2) 是否有源码？

(3) 是否值得信赖？

(4) FAA 是否信赖它？

等价类将测试的数量降至最低，例如，有某个函数输出有效电压值，范围在 24～28 V 之间。等价类可减少许多测试，间接降低测试成本，因为不必测试 25 V、26 V、27 V 和 27.6 V 之类的值，只需在 24.1～27.9 V 之间选择一个值，表明其在测试中具有等价功能性。虽然不必测试范围内的每一个点，还是需要测试 24 V 和 28 V 这两个边界值。此外，还需要测试有效值下界和上界以外的值，这属于鲁棒性测试。

等价类消除了对同样输出结果的同样测试的重复，从而当存在一个等价类范围值时，不需要对每个值都进行测试。

考虑一个正弦函数，对此类标准函数常常出现的情况是没有对应的源代码，使用时通过编译器将提供的库函数进行编译。此类函数计算所得值是否可信？在此情况下，采用等价类方法恰如其当。正弦函数的取值范围为 360°，然而并不需要对每一度都进行测试，只需测试几个值，包括正值、负值及边界值等，通过等价表明已对整个函数进行了验证。需要提供相关证据让 FAA 相信函数工作正确，采用等价类方法是其中一种有效方式。目前许多静态库都具有这样的等价类测试产品。

例3 $Y=\sin(X)$

(1) 因为没有源码，就必须重写？不！为它构造等价类。

(2) 考虑$Y=\sin(X)$来源于编译器提供的数学库，没有源码。

(3) 解决方法：通过等价类的穷尽测试符合标准。

(4) 符合性替代方法。测试取值的边界；测试具有代表性的值。

(5) 声明，然后实现"通过等价类实现穷举测试"。

最初通过"鉴定"的编译器是Ada[3]。术语"鉴定"或"合格审定"出现于20世纪80年代，最初由美国国防部（DoD）引入，DoD强制要求对Ada编译器进行"鉴定"。通过对其编译器的审查分析，ADA公司开发了一组标准测试代码，并明确了此代码经过编译后的输出，"鉴定"方法简单明了，具体是通过编译测试代码，检查编译结果与预计输出是否一致。如果有其他Ada编译器需要"鉴定"，那么只需运行同一组测试代码，检查编译结果是否符合预期。

显然，运行时库也需要类似的验证和"鉴定"。当然，此处的"鉴定"与DO－178标准要求的工具鉴定有所差别，因为此处编译器的"鉴定"或"合格审定"不能保证100%准确。时至今日，没有任何编译器的测试集可覆盖潜在的无穷无尽的源代码结构。DO－178标准的编撰人员当然认识到了这一点，所以完全忽略了编译器的鉴定。在DO－178标准中，编译器不会因为通过"鉴定"而获得置信度，仍然需要通过DO－178标准要求对编译器输出结果，如二进制码，进行充分验证。

对各类库文件目前存在大量的鉴定包，在大部分情况下，库文件都没有对应的源码，只具有通过编译的二进制库。在正常情况下，软件必须经过DO－178标准第6章要求的源代码评审和分析、功能测试和结构覆盖分析等软件验证活动。当然，FAA也知道一些已经存在多年的商用成品软件（COTS）质量非常好，甚至，其安全性和质量可能比按照DO－178标准要求重新开发还要好。但是，在无法执行代码评审、无法执行结构覆盖分析的情况下，如何满足DO－178标准的符合性目标？只需使用等价类验证功能，使用符合性替代方法执行所有可能的测试，证明所有功能如是执行。对商用软件，仍然对代码进行测试，但可使用符合性方案进行测试，以避免DO－178标准通常要求的所有活动，避免从零开始重新编写整个软件。编写DO－178标准时，集中了许多航空公司的大量要求，而这些公司并不提倡或愿意花费大把金钱重新编写商用件，因为这样做毫无意义。

5) 测试的注意事项

正常范围测试包括以下内容：

(1) 白盒测试，如打开代码。

(2) 正常操作条件。

(3) 正常范围值。

(4) 等价类，如正弦函数。

> **注意：** 大部分的正常范围测试用例应该通过功能测试来覆盖。
> 为什么？因为详细的低层需求。

正常范围测试针对了系统的正常操作条件，可使用等价类减少测试用例数量并且仍然覆盖全部功能。软件的大部分可通过运行正常范围测试用例覆盖，如通过简单的系统上电，测试上电的顺序，确定系统反应正常，就可能已经覆盖了 20%～30%的代码。执行功能测试时，只要被测试代码被调用激活，就在实现对代码的覆盖。

正常范围测试用例应在功能测试时已经覆盖，因为功能测试覆盖高层需求和低层需求。除此之外，可能还需增加一些额外测试覆盖功能测试未覆盖到的代码结构。

鲁棒性测试包括以下内容：

(1) 白盒测试，如打开代码。

(2) 非正常操作条件。

(3) 边界值：

a. 哪个边界？

b. 边界及超出边界的情况。

c. 按位计算的边界精度，如 24～28 V 的需求范围。

鲁棒性测试是测试所创建的正常测试场景中，系统在不利条件下的工作情况，如错误输入、损坏的数据以及可能永远不会达到的边界值等。测试系统在这些条件万一发生情况下如何处理。

鲁棒性测试的一些场景尤为重要，如对于分区的测试。可以举一个简单的例子：我们无法在电气系统上施加足够的负载，造成电源、照明或视频/音频中断；即使如此，还是要尽可能地创造场景检查是否会真正的发生供电中断。对于分区内的所有应用，即便全部运行，可能不会造成分区的越界、异常；即使如此，还是要尽量地创造大量的鲁棒性测试，检查分区是否会真的异常。

此外，需要测试每个数据项的边界值，对界上和界外的值进行验证。这涉及为什么要建立数据字典和故障树。因为依据数据字典和故障树可更全面地检查正常范围值及超出正常范围的界外值，检查界外值对系统产生的影响。

1999年，发射到火星的探测器由于导航指令的混乱最终失去联络，损失高达1.25亿美元。而原因只不过是一个简单得不能再简单的问题：开发人员使用的是英制单位，但其他人使用的却是公制单位，而公制和英制之间必须进行单位换算，才能避免造成混乱。在代码评审和分析、低层需求评审和分析以及软件架构评审和分析期间，应该发现该问题，但事实却没有，原因是没有数据字典。显而易见，函数必须按照指定的单位输出结果。为何如此简单的问题，通过如此复杂的验证测试却没有被发现，原因值得深思。在正常范围和鲁棒性测试期间，尤其是在鲁棒性测试期间，应尽量侦测错误，避免后期灾难的发生。前车之鉴，后事之师。

结构覆盖分析是软件错误的最后防线，得其名是因为很多人倾向于称呼其为结构覆盖分析，而不是结构覆盖防线，它表明了测试的完成程度。当结构覆盖分析结束时，意味着测试用例覆盖了每一个功能，软件代码正确地实现了每一个功能，代码中不存在需求以外的功能。

对于C级，需要语句覆盖。对于B级，除语句覆盖外，还需要判定覆盖。对于A级，需要语句覆盖、判定覆盖及MC/DC覆盖。覆盖用于度量测试的完整性，它反馈是否需要增加需求、是否需要增加测试或一切是否已完备。

与其他标准相比，DO－178和DO－254标准要求的验证测试更难以理解，它很容易消耗掉整个项目研发预算的30%～45%。如果按照本章的描述执行测试，那么将大大降低研发成本，缩短研制周期，从而在激烈的市场竞争中，在交付安全产品的同时大幅度领先对手。

译者注：

1. 此处提法和DO－178C标准原文有所出入。DO－178C标准6.4节明确，软件测试包括软硬件集成测试、软件集成测试和低层测试三类。正常范围测试和鲁棒性测试是测试用例的选择原则，需求覆盖分析和结构覆盖分析是测试覆盖分析的两个要求。

2. 在一些情况下，本文作者对鲁棒性测试提出的一些要求甚至无法实现，在测试连续性系统软件时常常遇到这种情况。如，测试一个空速系统中的空速趋势向量值，空速趋势向量通过当前空速、径向加速度、俯仰角等通过一个积分迭代计算一段时间后空速的预期值，换言之，空速趋势向量通过上次计算的输出作为本次计算的输入、循环迭代计算。当俯仰角发生急剧变化时，如飞机急速俯冲，空速趋势向量会趋向无穷大，甚至会超出在总线上传输时使用的数据字的范围，对这样的值有时无法精确测试。

3. 此处鉴定的含义与 DO－178 标准要求的工具鉴定不尽相同，并不是表明 Ada 编译器通过了工具鉴定。

18　结构覆盖分析

结构覆盖分析关乎验证对目标的满足程度，包括基于需求的测试对验证目标的满足程度，同时也是对源代码、编码人员、测试人员工作完善程度的一种评判。结构覆盖分析可以发现编码活动期间的一些问题，如死码。在结构覆盖分析中对死码的甄别变得相当容易，因为不论如何执行测试，测试用例始终无法覆盖该代码。死码可能曾经使用过，但随着软件的变更，它变得不再需要，当没必要再对其进行修改时，应予以删除。

1) 结构覆盖分析概述

结构覆盖分析——软件错误的最后防线

最乏味且最昂贵的保护形式

结构覆盖是一种“方法”，而不是一个“测试”

覆盖率指验证活动满足其目标的程度

DO－178 标准要求进行两种类型的覆盖：

(1) 需求覆盖。

(2) 软件结构覆盖。

为何要进行结构覆盖？

(1) 证明代码覆盖率已达到关键等级要求的程度。

(2) 证明不存在非预期功能。

(3) 创建全面的基于需求测试。

对 D 级软件不需要进行结构覆盖分析，结构覆盖分析仅适用于 C 级及以上级别的软件。在实际工作中可能会发现，工程师往往对编码热情高涨，在功能对应的需求具备以前就开始编码。他们会说这是未雨绸缪，在一段时间后，用户的需求必将如此，而这会造成后期无测试用例对应的功能，当然也就不会被测试用例覆盖。

结构覆盖分析的引入有其必然原因。对A级软件，且仅针对A级软件，DO-178标准有附加的要求，那就是结构覆盖分析不仅仅要求在源代码级别，还要在目标码级别证明源代码和目标码的对应关系，即除对A级软件的正常验证外，还要证明在目标码中不存在无法追溯至源代码的结构，因为编译器可能会引入额外目标码结构。对A级软件使用编译器优化会导致问题丛生，还会导致额外的工作用于确认编译器优化的结果。

结构覆盖是一个白盒测试，如需要源码。

结构覆盖测试的目的是：

(1) 提供证据，证明代码结构已按照应用软件等级要求的验证程度进行了验证。

(2) 提供一种方法来支持证明不存在非故意写入的功能。

(3) 建立基于需求的、足够充分的测试。结构覆盖分析提供一种方法来确认基于需求的测试能够检测代码结构。

C级及以上级别要求：

(1) C级——语句覆盖。

(2) B级——语句及判断条件覆盖。

(3) A级——语句、判断条件及修正条件判定覆盖(MC/DC)。

结构覆盖测试：源码还是二进制码？

由于源代码中代码结构的组合和编译器对不同编码结构的处理，编译器可能会引入额外的软件元素，因此必须证明这些引入的额外软件元素是有效的。如果存在此类元素，那么需要增加测试，在目标码级别覆盖这些额外的代码。这项工作十分艰难，因为在目标码级别目前可用的工具十分稀缺。大部分结构覆盖分析工具，如VectorCAST，会提供一个视窗或打印件，采用明显的红色、绿色和蓝色来显示覆盖率分析结果，但这些工具均未提供目标码级覆盖分析功能，因此此项工作是一个巨大的挑战。

通常，结构覆盖测试在白盒测试级别完成，对于特别难以覆盖的结构，有时候甚至需要在模块级别完成。C级软件要求覆盖每一条语句，B级要求覆盖每一条语句和每一个判定条件，而A级需要覆盖每条语句、每个判定条件以及每个更改判定条件，A级软件还要证明源代码和二进制代码之间的对应，这种对应关系证明仅适用于A级软件。

语句覆盖

证明每个语句都被覆盖并按照预期执行

“什么是语句？”

回答：“最小的可编译单元，如一行源码。”

判定条件覆盖

证明每个判定都覆盖了可能的输出，也就是熟知的“分支”测试。

2）结构覆盖分析常见问题

软件关键等级从确定之初开始一般只会增加，这是因为系统会变得更加重要、飞行员工作负荷不断增加或系统冗余减少等。不同关键等级对应的结构覆盖要求不同，从D级软件到C级软件会引起研制成本的大量增加，结构覆盖分析就是主要原因所在。这是DO－178标准的独特之处。事实上，DO－178标准文件是关于确定性的一份指南，软件项目必须设法证明其“无辜”，证明其“无罪”，并且具有强有力的符合DO－178标准要求的流程。项目的实施不必完全与DO－178和DO－254标准的描述一致，因为其只是通用指南，并非流程文件，不过项目研制的流程又必须至少满足这些“指南”的要求。最重要的是，必须表明软件研制符合系统关键等级的要求，以通过合格审定。

这就是DO－178标准的独特之处，其实它是唯一具有多个关键等级的标准。食品和药品管理局将医疗器械划分为1级或2级，但它们之间并不存在大的差异。在DO－178标准中却存在不同等级，为什么这么做引人深思。

为何不将所有软件都定为A级？这样软件不就具有更高的质量，而事实是A级软件的确具有更高的质量，那何乐而不为？这与DO－178标准的编撰人员不无关系，DO－178标准的编者主要来自航空业界，他们最关心的三个问题是利润、利润和利润。当然也包括安全，但不会为了安全不惜代价，而是以合理的代价获取安全。DO－178和DO－254标准因此是合理的，如果正确地运用，那么A级软件耗费的成本仅会比D级软件高出25%～40%。坦白地说，D级软件符合性很容易实现，因为D级软件没有什么特别要求，任何具有现代软件研制技术的公司都具备这种研发能力。

DER 发现,即便是对一些研制能力雄厚的公司,软件源代码往往还是有20~30个版本之多。开发人员首先开发个版本,不断更新,随着单元测试和同行评审的进行版本不断增加,此后,在经过若干非正式和正式测试后,软件进一步修改。就算这样估算软件至多也就是8个版本,但实际却是20~30个。发生这种情况的原因是软件开发人员往往一边试飞一边改代码,这种工作方式其实不是软件设计,而是软件推测。这如同建造一座房子,不可能在建造房子时,还没确定房子的式样,建筑师花费若干年时间就是建了拆、拆了建,不断试验不同式样。既然建筑行业不能这么干,为什么却将这种非常场景堂而皇之地搬到了软件行业之中?

一些 DER 反映他们被邀请参加代码评审,而在评审时发现需求和需求追溯尚未完成。因此,DER 很难理解这种代码评审的目的是要做什么?评审代码是否简洁漂亮?是否可以编译?是否能够理解?所有这些问题都可以作为代码评审的检查项,但执行代码评审之前至少需要明确代码评审的真正目的是什么,需求的真正作用是什么。显而易见,这种代码评审是无效的。如果连代码实现的功能都不明确,那么又该如何评审代码?这就是在编码前,需要编制完整的需求并进行独立评审的原因所在。DO-178 标准对此类代码同行评审只能认为无效,是浪费时间。

欧洲的一家中型航电企业邀请 DER 对某项目进行一次审计,DER 发现该项目代码评审几乎没有发现任何错误,此项目是一个 B 级软件项目,由优秀的工程团队开发,开发出的软件在 DER 已经审查过的数百个项目中名列翘楚。项目团队面临的最大挑战是逆向工程,在执行代码评审时,项目团队采取圆桌会议方式,分析所有事项。他们不需记录所有问题,也不需代码评审检查单,因为他们每个人极其清楚系统和需求。DER 不得不感慨他们是所见过的最聪明的工程团队,为他们的作品感到骄傲。

但他们从代码评审中获取了多少合格审定的置信度呢?零。评审人员如何保证每行代码中的超出范围的边界值得到检查?软件代码的更改人员如何知道评审时发现了什么问题?即便使用检查单,如果对发现的问题不能更改彻底,那么还是不能改善软件的质量。航空电子软件仅与其最弱的环节一样健壮,DO-178 标准是在整个工程生命周期内,针对给定的关键等级,使每一个环节一致性的健壮。B 级软件与 A 级软件健壮程度当然不一样,但尽量提高软件的健壮程度总是有百利而无一害。

通过始终如一地遵循所有流程,在正确性验证过程中通过测试等手段验证流程，建立良好的符合性，DO-178标准将以上要求综合在一起，对不同的关键等级又定义不同的结构覆盖要求。这就是DO-178标准与众不同的地方。

D级软件无须结构覆盖分析，C级软件要求覆盖每条语句，这意味着必须证明每条语句如期运行。问题是“语句是什么？”DO-178标准对此并未论述，一条语句可以包含多少条代码？如何计算代码行？对此一千个人可能会有一千种算法。语句是指最小的可编译实体，通常用一个分号表示。

对B级软件，必须通过执行恰当的测试用例，实现对判定的覆盖，还要同时实现对C级软件所要求的语句覆盖，对B级以上软件要求更高于此，还要实现判定和条件的组合覆盖。判定覆盖也称作分支覆盖，测试需要覆盖Case语句、分支语句和循环语句等的真值和假值情况，必须覆盖每个判定可能的结果，判定覆盖有时非正式的称为分支测试。

3）分析成本考虑

既然结构覆盖分析花费成本如此高昂，如何降低结构覆盖分析成本便成为一个重要问题。正常范围测试、鲁棒性测试和功能测试都包括在DO-178标准验证过程之中，软件验证首先进行的是功能测试，这是一种基于需求的测试。当详细的需求具备时，根据需求开发所有正常范围测试用例，然后进行鲁棒性测试和结构覆盖分析测试。在不同项目之间，这些测试的规模大概类似，即对于确定的需求，测试的规模也基本确定。但对于验证所依据的需求，DO-178标准并未规定其规模，那么，需求应达到何种详细程度呢？这极具主观性。

对于一个20 000行代码系统，需要产生多少需求？800？900？1 000？很难一言以蔽之。出于安全性考虑，DO-178标准要求许多故障安全措施及重复检查。High-Rely及其他主要航空电子研发公司使用的经验法则是每20行代码必须至少对应一条需求。不过，这也取决于系统类型。例如，对于一个算法密集型系统，如一个傅里叶变换算法系统，其每行代码所对应的需求就大大少于一个通过离散量组合的离散系统，该情况下几乎每行代码对应一条需求。对一般的航空电子系统软件，常常看到的情况是每行代码具有一条以下的需求，这就提出了一个明显的问题：“既然不能做到每行代码对应一条需求，那么开发人员在编写每行代码时的假设是什么？”DER/FAA会问同样的问题，但答案往往不尽如人意。

早期需求尚未具备，项目组可能已开始为正常范围测试和鲁棒性测试做准备，为正常范围测试和鲁棒性测试分别编写许多测试用例，而这些测试用例往往和后期的需求无法一一对应，后期在进行DO-178标准所要求的评审和分析时会"人赃俱获"，毕竟测试必须基于需求，测试用例必须追溯至需求。这中间存在的问题是：早期测试可缩短项目周期，但可能不能实现测试和需求的完全追溯，然而晚进行测试，会造成成本的大量增加。项目似乎存在两难之势，难以左右逢源。

解决方案是在软件设计启动前，返回去增加更多的详细需求。有些人投机取巧，在编写代码后添加需求（也是确保代码与需求相匹配的一种有趣的方法，虽然完全不恰当），当然这也是一种试图符合DO-178标准要求的方法。这种方法实际上掩盖了软件开发过程中的错误，QA人员应竭力阻止这种行为。即使项目的QA人员疏于防范，FAA和DER在合格审定时也将会使用项目的配置管理系统，确定代码评审时的需求状况，一叶障目、不见泰山，结果当然是偷鸡不成蚀把米。

20世纪80年代的一本名为《人月神话》[1]的书对软件组织进行了比较，来确定最理想的团队规模。作者得出的结论是团队的理想人数：一个人！因为工程师的人数越多，沟通就越不通畅，所以一个人团队不会因沟通出现问题而致使自己困惑。但在现实世界中，既然无法做到一行代码对应一条需求，软件开发必须进行假设，必须编制详细需求并将其记录在案，因此他人可对其进行检查。出于人性考虑，不能让一个人同时开发一个软件又测试该软件，即便是对D级软件，虽然无独立性要求，这样做是合法的，但却是愚蠢的。

B级软件具有独立性要求，而D级软件无此要求，不具备独立性也是合法的。但对D级软件，如果未提供独立性证明，那么是否能够随后升级至B级？当然不能。必须重新执行B级软件要求的每一个目标。因此，即便是D级软件，为以后使用范围考虑，也应考虑独立性，如实施独立性评审，实施独立评审会增加评审人员的工作量，因为评审人员必须学习评审相关专业知识，但自己评审自己的产品显然是有失妥当。

4) MC/DC测试

DO-178标准中的定义

"每个判定必须将所有可能的结果至少执行一次，一个判定中的每个条件必须显示独立地影响该判定的结果。"

一个条件独立地影响一个判定的结果，如果那个条件单独影响结果。

如果项目编写了详细的需求，根据需求完成了正常范围和鲁棒性测试，那么测试用例应该就可以覆盖70%～80%的源代码结构。事实上，仅通过功能测试和鲁棒性测试的确不能覆盖一些MC/DC条件，但大部分代码中MC/DC条件并不是很多，并且只有在A级才要求MC/DC覆盖。

MC/DC花费几何？许多人认为，A级软件会比B级软件成本增加30%～60%，以讹传讹，这似乎成为行业的一种普遍看法。但实际上，这种看法有浮夸之嫌。事实上，A级软件只比B级软件成本增加5%～10%。对于A级软件，需要验证每个判定所有可能的输出结果，并且要求判定中的每个条件独立影响该结果，这是DO－178标准明确的要求。也就是说，在保持其他条件不变时，必须通过单个条件的变化造成判定结果的变化，这对于设计、集成和逻辑的正确性是一种十分有效的检查。

5）结构覆盖示例

结构覆盖的一个简单例子如图18－1所示，实际上未必会出现在代码之中。如飞机恰好着陆，希望通过轮载信息，激活推力反向器，当然该装置在不具有轮载信息时就不应被激活。在实际系统上，有10 000多行代码对推力反向器进行控制，对于大型商用飞机，一般推力反向器传感器系统中有35 000到40 000行代码。

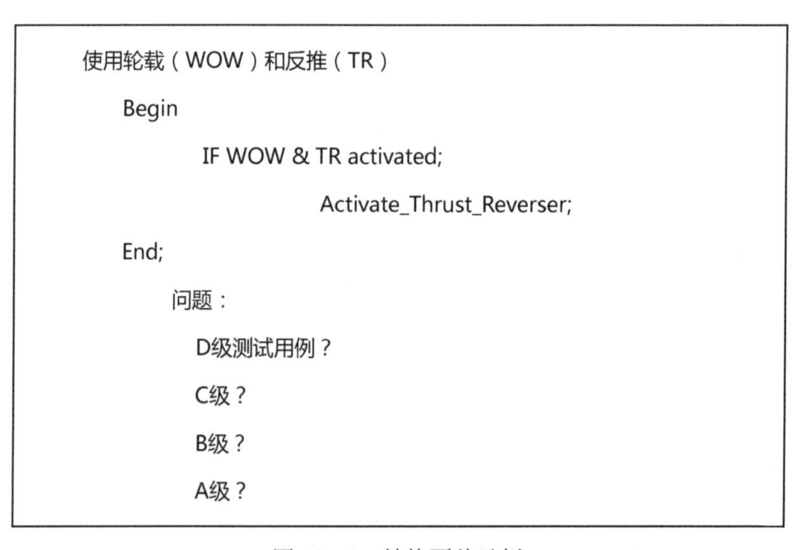

图18－1　结构覆盖示例

波音777飞机的推力反向器软件被定义为A级软件，但全部软件模块中只有20%需要达到A级。为了降低成本，其他部分被认证为B级和C级。这对于控制安全着陆,尤其是短跑道上安全着陆起着非常关键作用的推力反向器这样一个关键系统来说,听起来似乎超乎寻常。事实是该系统软件可以通过划分,表明一些代码没有另一些代码重要,这是一种降低成本的方法,可将成本降低15%～20%,目的是尽量减少工作量,但又不危及安全,这也是设置关键等级的用途。当然,将所有软件定义为A级是一种最简单之举,但软件开发成本和进度不支持这种一刀切的做法。

在上例中,可使用一个测试用例完成语句覆盖,只需将IF条件判定设置为真值。如将轮载及推力反向器激活都设为真,则这将满足C级要求。

如果软件需求规范说明之中存在与之对应的需求,那么按照需求设计功能测试用例,将实现对应的结构覆盖要求,这属于对推力反向器正常范围测试。如果在需求规范说明之中将该代码对应的需求丢失,那么在正常范围测试及鲁棒性测试时,自然不会测试到该代码结构。此时,是否应该增加测试用例直接实现C级要求的语句覆盖？DO-178标准不允许这样做,实现对代码结构覆盖的测试用例应来自基于需求的功能测试及鲁棒性测试。

对于C级软件的验证共有5个目标,对于一般的嵌入式非航空电子项目大多按照C级软件实施,如手机中的软件包含有大量的逻辑和成千上万行代码,一般至少按照C级流程研发,医疗器械和核电涉及的软件也大多按照C级流程研发。

对B级软件要求判定覆盖,一般会以为至少用3个测试用例测试以上条件,但最少数量其实是2个,只需IF判定条件为“假”和为“真”两种情况。两个测试用例就实现了判定覆盖是因为这种逻辑组合较为简单,对复杂逻辑条件组合的MC/DC就相对复杂一些。MC/DC有效性如图18-2所示。

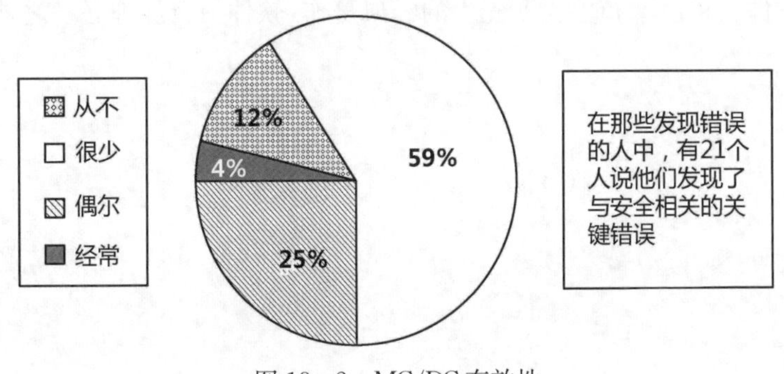

图18-2　MC/DC有效性

6）修正的条件判定覆盖(MC/DC)

结构覆盖，即使MC/DC，也不能保证"质量"。

MC/DC对于理想的测试，已经称为"urban legend"的标志。

不能直接提高质量；仅仅评估之前测试所达到的代码覆盖的质量及程度。

25年前的DO－178标准时期，还没有商用的结构覆盖分析工具，软件的结构覆盖分析完全依靠手工，做法是将源程序打印，对照测试用例在源码中标识测试用例的覆盖情况。如果源代码发生变更，那么此项工作就得重复进行。自动化工具的出现极大地降低了结构覆盖分析的成本。

综上所述，MC/DC成本极高，并且在大部分情况下，并不能检测出许多错误。在实际的项目中，即使使用MC/DC也不会发现更多有意义的错误。一次坠机事故是因为轮载检测错误而发生的，具体分析原因是在变更后未执行回归测试，由于软件未发生更改导致未执行测试，因此未能侦测到系统中存在的问题。而这恰恰就是A级软件要求强制执行系统级测试的原因。即便只是硬件输出发生变化，软件没有发生变更，也需要在硬件上再次执行测试。

MC/DC仅此而已，从乘客角度看，当然希望所有软件都通过MC/DC覆盖分析。然而，即使通过了MC/DC分析，软件质量也不能完全得到保证。A级软件的MC/DC似乎是一种乌托邦式的传奇，因为它不会直接改善质量。它只是对测试的严谨评估，仅是DO－178标准目标的一个环节，帮助获取更安全的系统。

译者注：

1. 软件工程巨擘布鲁克斯先生的经典著作，软件项目经理必备之神器。

19 测试和工具

如果能够将摩托罗拉 68332 处理器或 PPC 处理器平台下的代码交叉编译至个人计算机(personal computer, PC)平台,那么能否在 PC 上执行所有的测试? 结果是不能。事实上,即便是对于 D 级软件,也必须在真实目标机平台上测试最终的二进制代码,即如果数据处理或输出与硬件相关,那么仅在 PC 或模拟器上对可执行代码的测试是无效的。因此,有关时序、指令、堆栈、板级包、操作系统、输出或离散量的测试必须在真实硬件环境中执行。

当然测试环境的选择也存在一定的灵活性,对算法、逻辑判定和异常处理的测试,只要能够表明测试平台和目标平台等价,就可在模拟器上执行测试。同时,DO-178 标准的编写者也充分考虑了测试成本,如对内存损坏的测试并不需要机械地破坏真实的内存,换言之,破坏性相关的测试并不需要破坏真实的硬件。除此之外,和硬件相关的测试,必须在真实硬件环境中执行。

测试工具为数众多,各有利弊。

测试工具包括如下:

(1) 调试器。

(2) 仿真器。

(3) 虚拟机。

(4) 系统测试环境。

(5) 单元测试工具。

(6) 测试用例生成器。

(7) I/O 模拟器及捕获工具(GPS、ARINC、1553 等)。

(8) 结构覆盖分析工具(包括插桩器)。

对测试工具的选择应综合考虑其优点和不足,项目人员总是希望以一个工具包打天下,但实际上,至今尚未发现能够同时支持调试、测试及结构覆盖分析的工具。为完成 DO-178 标准所要求的目标,在项目开展中至少需要两种工具。

调试器在开发过程中必不可少，很多人认为调试器可将执行断点设定在任何位置，可查看所有条件执行结果，能够单步执行并且取得结构覆盖信息。但实际上调试器不能够用于结构覆盖，仅仅能够证明编译器和调试器工作正常。多数调试器不能够收集结构覆盖信息，对硬件相关测试也不能通过查看调试器结果的方式取得合格审定置信度，并且大多数调试器也不支持测试脚本和自动测试。

仿真器能够用于对硬件相关操作的评估，但通常不是自动化的，不能支持测试脚本运行。此外，对硬件I/O的测试也不能完全基于仿真器。

指令集模拟器是一种支持自动化和批处理的工具，几乎可模拟任何测试场景。同样对硬件I/O的测试也不能完全基于模拟器，但可将模拟器与结构覆盖工具相集成，进行结构覆盖分析，一些工具甚至可以提供内嵌式结构覆盖分析功能。

系统测试环境是最适合DO-178标准要求的测试环境，但也存在系统测试环境是否支持插桩，以实现对代码结构覆盖分析的问题。系统测试环境一般不支持这种功能，许多系统测试工具甚至本身就没有结构覆盖功能。

单元测试本身是一种不错的方法，但这种方法很难获得DO-178标准的置信度。原因是单元测试是在非真实环境中执行软件，通过桩和驱动只是建立了一种仿真调用过程。

测试用例生成器可以帮助软件人员输出测试用例。当测试总线时，如1553或GPS等，还需要I/O激励器，当然结构覆盖分析工具总是必不可少。

如果项目代码规模超过1 000行，那么开发人员肯定不愿意通过手工的方式执行结构覆盖分析。在这种情况下，最好将结构覆盖工具与测试执行工具相互集成以获取结构覆盖分析结果。DER建议使用如VectorCAST之类的多用途工具帮助实施DO-178标准测试和结构覆盖分析。通过实施功能测试、正常范围测试和鲁棒性测试覆盖80%～85%的代码结构，然后处理剩余的未被覆盖的代码。

如表19-1所示，工具在航空电子项目中都得到成功应用，其中VectorCAST和Gcover使用较多，其他工具也都通过了DO-178标准要求的工具鉴定，各有千秋。工具鉴定十分重要，因为工具在一个项目中应用良好，并不意味着在其他项目中也会同出一辙，因此必须针对每个项目重新鉴定该工具。工具鉴定分为开发工具和验证工具两种类型工具的鉴定。开发工具是指其输出物为在飞机上运行的软件产品的工具，开发工具鉴定具有相当难度，成本极高。验证工具指用于评估在飞机上运行的工作产品件的工具，验证工具鉴定相对容易。如果能够从工具供应商处获得工具鉴定的数据，那么可省却大量的鉴定工作，只需在现有环境中重新执行部分工具鉴定，证明可接受即可。

表 19-1　流行的软件测试工具

工　具	说　明
VectorCAST	成长最迅速，专用于航电领域，得到了较好的验证
Gcover	Green Hills 集成工具，包括覆盖分析
IPL	传统的覆盖，是最早的工具之一
Logiscope	传统的覆盖工具
CodeTest	基于仿真器
LDRA	现代的分析/覆盖
Rational	全套工具，被 IBM 订购后支持维护的较少

在代码结构覆盖分析中常用的手段为插桩，插桩工具处理流程如图 19-1 所示。插桩过程一般需要两个工具完成。第一个工具在源代码中加入插桩代码，插桩代码是在源代码中添加的特殊结构，目的是记录源代码在执行时产生的覆盖信息。在实施结构覆盖分析时，需使用插桩工具在源代码中加入插桩代码，

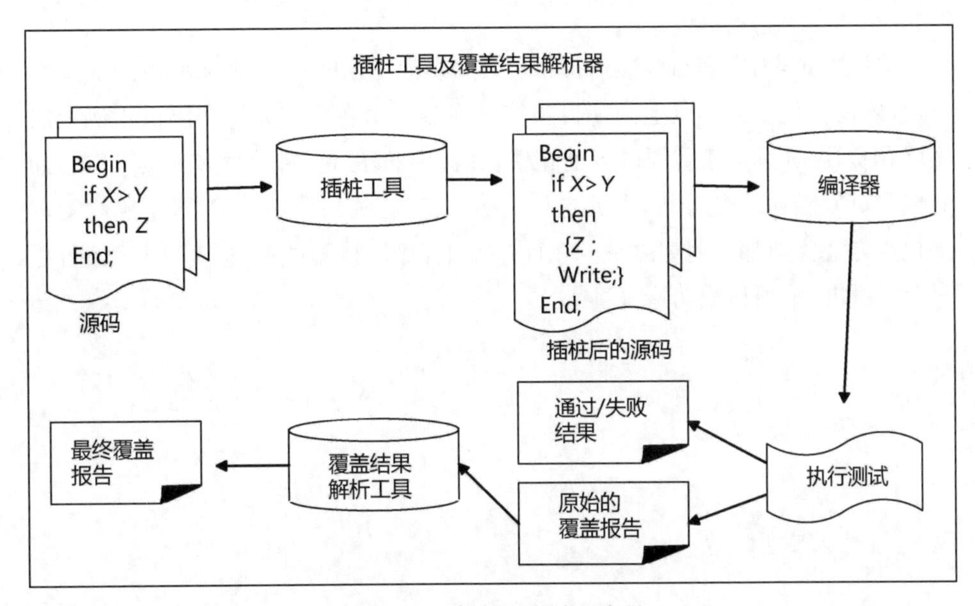

图 19-1　插桩工具处理流程

而后需重新编译、运行测试，检查所有结果是否按照预期进行。在测试程序执行期间，插桩代码将输出覆盖数据，用于后期结构覆盖分析。第二个工具分析第一个工具生成的覆盖结果数据，提供覆盖信息。如 VectorCAST 工具，会输出 DO－178 标准每个关键等级的覆盖结果与结构覆盖。

DO－178 标准中“D”的含义是“确定性”。如上所述，插桩工具通过向源代码中插入插桩代码会改变源代码，是否一定要在目标机平台中运行插桩代码？FAA 对此不做强制要求，因为插桩后代码执行速度缓慢，无论是测试人员还是 FAA 对这种情况下的测试结果都会持怀疑态度。那么应该如何测试？明确的是，插桩工具首先必须得到某种形式的认可，如曾经支持数百个项目的合格审定。此外，测试人员不得不将测试运行两次，第一次无插桩代码运行用于证明所有测试用例通过，未通过测试用例予以改正；第二次含插桩代码运行，获得测试用例运行信息及结构覆盖信息。有关时序的测试在第二次运行时可能无法通过，因为插桩会使得程序运行效率降低 20％～30％，因此需要进行解释。对此，DO－178 标准和 FAA 并非不近人情，测试人员可通过分析说明未通过测试是由于插桩代码产生的时序问题造成，对分析结果应予以记录，应指定 QA 人员、DER 或独立评审人对记录进行评审，对分析结果进行确认。

插桩工具会改变代码，插桩代码不能最终留存在源代码中，因此必须对插桩工具实施鉴定，证明其在工作中除添加插桩代码外，未改变任何其他的代码结构。

毋庸置疑，为实现与标准的符合性，结构覆盖是 DO－178 标准中的成本大户，很容易消耗掉一半以上的项目预算。许多公司在覆盖分析和测试用例上的实际花费，要远远多于代码开发的花费。值得一提的是，目前很多工具可以帮助完成测试及结构覆盖分析，因此选择适用的工具，提高使用效率，或干脆将测试外包给专业公司都是明智之举。在此基础上，尽早将测试策略与 DER 沟通，尽早获得批准，则项目成功指日可待。

20 DO－254 标准(硬件)

软件人员在按照 DO－178 标准要求工作的时候,硬件人员也要求遵循一个标准,这就是 DO－254 标准。该标准适用于使用 VHDL 或者任何类型硬件描述语言(hardware description language, HDL)为复杂电子硬件编制硬件逻辑的人员,以及从事硬件电路原理分析的人员,从事 ASIC、FPGA、PLD、CPLD 相关工作的人员在项目开展的过程中必须遵循 DO－254 标准要求。在对商用货架产品(COTS)微处理器和控制器的要求方面,DO－254 标准相对宽松一些。

DO－254 标准发布于 2000 年,2005 年 FAA 将其作为航空电子硬件设备适航的标准文件。在欧洲,与 DO－254 标准相对应是的欧洲民用航空设备组织(European Organization for Civil Aviation Equipment, EUROCAE)发布的 ED－80 标准,与 DO－178 标准对应的 ED－12B 为标准。

1) DO－254 标准简介

RTCA DO－254/EUROCAE ED－80 标准

机载电子硬件的设计保证指南(Design Assurance Guidance for Airborne Electronic Hardware)

2000 年发布

FAA 从 2005 年正式要求使用

为机载系统和设备领域开发复杂电子硬件(complex electronic hardware, CEH)提供设计保证的指导

与大众熟知的软件标准 RTCA/DO－178/EUROCAE ED－12B 标准相对应

DO－254 标准为 CEH 及机载系统(非地面系统)和设备的设计保证提供了指南。该标准早在 2000 年就已经发布,从 2000 年到 2005 年,DO－254 标准经

历了激烈的讨论和反复的修订。2005年FAA做出通告，要求申请适航取证的硬件开发（尤其是复杂硬件）人员以此标准作为项目开展过程中必须遵循的指南性文件。DO－254标准内容如图20－1所示，图中的数字指代DO－254标准中对应的章节。

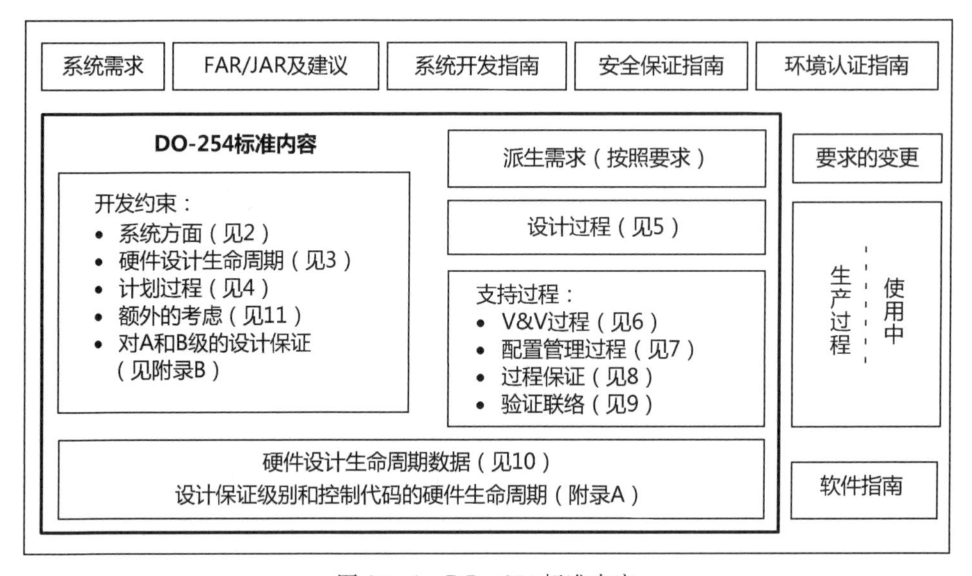

图20－1 DO－254标准内容

2) DO－254标准应用范围

DO－254标准应用于复杂硬件。

如果“简单”，则不必进一步适用DO－254标准。

但是怎样才算硬件“简单”或者“复杂”？

CEH是一个有趣的缩略词。何谓简单？何谓复杂？只要是包括逻辑系统的电子硬件即被视为是复杂电子硬件（CEH）。如果硬件是简单的，或者该硬件可以完全测试，那么该硬件就是简单的，就不需要使用DO－254标准。

简单的含义是如果能够提供对所有输入的穷举测试，那么该硬件是简单的。例如，测试一个电阻器，通过对电压和电流值的等价类划分，即可实现穷举测试。

一个4位控制器及其离散I/O硬件设备，有2个输入和2个输出，该设备能进行穷举测试，可以称为简单系统。再看一个16位装置，有8个输入和8个输出，工程师可以对所有潜在输入进行穷举测试，显示所有潜在输出，该装置也可以称之为简单系统。但是,对于一个具有 400 支管脚,具有万或百万级别门电路的 FPGA,就不可能进行穷举测试。在任何情况下,只要使用了 ASIC,硬件就不会是简单电子硬件。正如 DO-178 标准确定的应用范围一样,DO-254 标准包括系统要求、咨询公告、开发指南、验证指南及安全性评估指南,上述文件包含了体积约束、系统特征、硬件设计生命周期、计划过程、其他考虑、设计保证、A 级、B 级、C 级、D 级以及附录 B。在 DO-178 标准中几乎没有真正详细论述派生需求,但 DO-254 标准中却对此非常关注。

DO-254 标准的过程要求包括支持过程、验证与确认过程、配置管理、质量保证(也称"过程保证")和合格审定联络,它与 DO-178 标准有很多相似之处,因为 DO-254 标准是由许多编写过 DO-178 标准的人员编写的。一些软件人员发现了 DO-178 标准的漏洞,认为如果将软件加载至固件之中,那么软件的开发就可以不遵循 DO-178 标准了。为了阻止这种情况的出现,FAA 组建了一个委员会,编制指南以控制对 HDL 的开发。

该委员会的一些成员说:"硬件指南,必须要考虑航空电子设备的所有要素,包括 LRU、处理器、电缆、离散量及以上的任意组合,需考虑通信适配器和板卡的组合。"在 2000 年到 2005 年间,该委员会一直争论应将该标准应用到硬件、固件或软件。

在 2005 年,FAA 决定将 DO-254 标准重点应用到 CEH 中的软件部分。原因是,在 2002 年,有人将 DO-254 标准应用到一个大型运输机的 CPU 项目中,因为该 CPU 不符合硬件开发指南而引发了许多问题。直到 2004 年,FAA 决定 CPU 可以不必遵循该硬件指南,因为它们是商用货架产品,已经存在了很长时间,被广为接受,更不用说该 CPU 不可能获取供应商提供的制造数据用来支持 DO-254 标准。

DO-254 标准论述了功能失效路径(functional failure path, FFP),这是一种硬件级别的安全性评估方法,通过芯片和架构组件追溯路径,来寻找和区分关键组件。通过功能失效路径分析(functional failure path analysis, FFPA)或故障树分析(FTA)可以区分出关键组件吗[1]?

获取了系统 FFP 以及 FFP 的设备后,LRU 将获取一条 FFP,分解 FFP 至电路板卡组件,接下来对组件级内部进行分析。FFP 将关键组件称为一个块。在一个多块的 ASIC 中,以块为单位将关键组件分为 A 级、B 级及 C 级,块与块之间不会注入风险条件,因此可以这样说,该过程就是对硬件进行故障树分析。

DO－254标准的注意点：

(1) 功能分布在软件或者硬件上。

(2) 由适用的过程所管理，过程分别由DO－178标准或者DO－254标准所提供。

(3) 不再有“固件”。

(4) DO－254标准作为一个应用于非FAA项目的标准；其被军用系统和设备制造商所认可。

(5) 没有说明性的或者推荐的生命周期模型，也没有暗示组织结构。

(6) 需要有硬件计划过程、设计、过程和支持过程。

如果一个硬件被确定为A级或B级，那么将必须按照DO－254标准及附录中规定的要求开发。DO－254标准没有强制要求FFP，在DO－254标准附录B中提到的FFP其实是一种方法论。FFP是硬件级的安全性评估，用来区分不同的安全等级。如果FPGA需要区分成多个不同等级的组件，那么这就是FFP应用在硬件中的情况，先将组件定义为同一种等级，然后再进行FFP。在通常情况下，大部分人不会这么做，他们认为在一个PLD中就是同一个级别。这通常也是最简便的方法，因为区分不同的级别需要花费大量时间进行FFP。

DO－254标准论述了LRU、板卡、用户封装组件、混合集成组件、多芯片和COTS的适航要求。DO－178标准仅在12节中对COTS给出了有限的参考，并没有全面的论述COTS的适航要求，DO－254标准详细论述了如何验证COTS产品。2005年，FAA发布了AC 21－152及FAA指南，通知各供应商在航空电子设备认证过程中，除考虑复杂电子硬件、ASIC、FPGA、PLD或芯片上的任何组件外，其他硬件不需要考虑DO－254标准。所以，对于DO－254标准，需将重点放在ASIC和PLD上，即是软件-固件过程控制。

DO－254标准为下列设计保证提供指南：

(1) 现场可更换单元(LRU)。

(2) 集成电路卡/板。

(3) 可定制微代码部件(custom micro-coded component，如ASIC、PLD、FPGA、CPLD)。

(4) 集成综合和多芯片部件(integrated hybrid and multi-chip component)。

(5) 商用货架产品(COTS)设备。

(6) AC 20－152关注其自身带有可定制微代码部件(如ASIC和PLD)。

相对于 DO-178 标准,DO-254 标准更强调系统的需求分配要求,标准明确规定了将系统需求分配给软件或硬件,杜绝软件设计人员为避开 DO-178 标准,将软件加载至硬件之中成为固件,而逃避设计保证过程的做法。

DO-254 标准也应用在一些非 FAA 的项目中。尽管一些军用设备制造商不具有完整的设计保证过程,但 DO-254 标准正在被许多 ASIC 和 PLD 的军用设备制造商认可。

假设有一个 FPGA,上面装有一个 CPU。项目计划是自行设计它还是将它当作一个 IP 核购买?无论自行设计还是将它作为一个 IP 核购买,都需要 DO-254 标准对其进行过程支撑并产生过程数据,不能说因为 FPGA 正和一个数字信号处理器(digital signal processor, DSP)一起工作,就说 FPGA 就一定是正确的。DO-254 标准的关注点几乎与 DO-178 标准完全一样,需要设计信息、可追溯性和测试所有组件。

要素分析实际上是对测试的分析,通过对 FPGA 内组件测试的追溯。如果能表明所有输入和输出以及 FPGA 上的组件都已被执行,那么要素分析就已经完成了,软件测试是要素分析的重要辅助方法。

3) DO-254 标准的主要过程

DO-254 标准不是强制规定,其中没有指定选择何种生命周期。DO-254 标准只是一个模型,没有隐含的架构或组织,编制的文件也和 DO-178 标准的类似。如图 20-2 所示,DO-254 标准有三个主要过程:计划过程、硬件开发过程和支持过程。首先进行计划过程,计划过程完成后进行开发过程,而支持过程

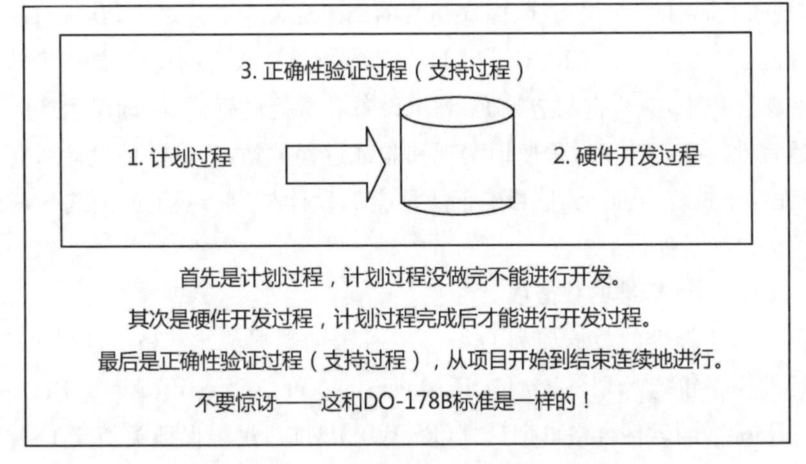

图 20-2　DO-254 标准的三个主要过程

在项目自始至终一直持续进行。

类似于DO-178标准中介绍的瀑布生命周期，硬件项目同样具有瀑布式或顺序式生命周期，如图20-3所示，进行所有支持过程，制订项目计划。在实际生命周期开发过程中，还需要进行需求捕获，这与DO-178标准中的需求定义是一样的，通过追溯性保证需求追溯至概要设计和详细设计之中。概要设计（是一个高层级方框图）可以呈现设计在结构体系中的整体规划，可以称其为高层设计或高层需求。

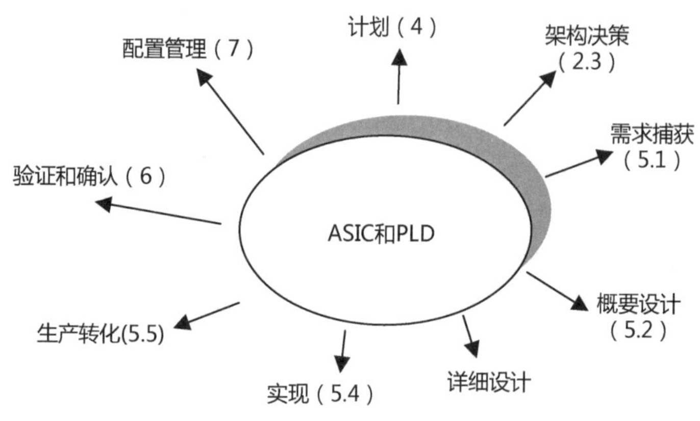

图20-3 ASIC和PLD生命周期

详细设计确定每个电路或组件块如何工作，组件块之间如何相互配合，用什么手段追溯组件块，组件的输入输出及通过的数据是什么。

实现过程与软件一样，首先将详细设计的结果嵌入到芯片内运行。对于硬件，实现过程首先将布局布线、时序仿真的结果综合至芯片之中，其次对芯片进行物理测试。DO-254标准有一个DO-178标准中没有的过程，即生产转化过程。在该过程中，应检查制造数据、测试设备和常规的资源，以确保生产的可用性和适宜性。生产转化过程使用实现和验证过程的输出，将硬件设计移交生产线，因此这个过程会询问：是否确定所移交的设计是生产线上的最终生产的产品？这个是如何保证的？

4）DO-254标准的数据项

DO-254标准的数据项和DO-178标准的数据项非常相似，DO-254标准的硬件合格审定计划（plan for hardware aspects of certification, PHAC）与DO-178标准的软件合格审定计划（PSAC）相对应；过程保证类似于DO-178标准的质量保证；设计计划、验证和确认计划也是类似的；确认计划是DO-254

标准独有的。在硬件设计中，存在更多的派生需求，如芯片的选择，选择芯片增加了许多硬件需求，如时序、接口和存储限制。项目人员需要根据所选择的硬件，编制专属于派生需求的确认计划，确保对派生需求进行开发，并对其进行确认。当涉及一种RS232系统时，选择不具有RS232通信端口的芯片集肯定是不可行的，此类需求显然需要确认。

DO－178标准中有22个需要关注的文件或数据项，DO－254标准中有27个需要关注的文件或数据项。

DO－254标准的数据项具体包括：

(1) PHAC。

(2) 硬件设计计划。

(3) 硬件确认计划。

(4) 硬件验证计划*(hardware verification plan，HVP)。

(5) 硬件配置管理计划。

(6) 硬件过程保证计划。

(7) 硬件设计标准。

(8) 需求标准。

(9) 确认和验证标准。

(10) 硬件归档标准。

(11) 硬件需求。

(12) 概要设计数据。

(13) 详细设计数据。

(14) 顶层图*。

(15) 集成图。

(16) 安装控制图。

(17) 硬件/软件接口数据。

(18) 硬件追溯性数据。

(19) 硬件评审和分析程序。

(20) 硬件评审和分析结果。

(21) 硬件测试程序。

(22) 硬件测试结果。

(23) 硬件验收测试准则。

(24) 问题报告。

（25）硬件配置管理记录。

（26）硬件过程保证记录。

（27）硬件完成总结*（hardware accomplishment summary，HAS）。

注意：带*的数据项必须提交给 FAA。

DO－254 标准中的 PHAC（像 PSAC）、硬件完成总结（像软件完成总结）、顶层图以及硬件验证计划必须提交至 FAA。硬件验证计划是 FAA 重点关注的文件，原因是其与 DO－178 标准不同，因为没有一种简单方法可以度量测试的完善程度，FAA 希望看到项目将要执行的不同类别的分析，这些分析如何实施，分析结果如何及如何测试。FAA 还想知道文件清单中缺少了什么，缺少的文件是否为软件所独有，不出现在硬件文档清单中是否合理。

在传统方法中，可通过顶层图获得硬件组件清单，在组件清单中查找到可编程器件，从而对该可编程器件进行编码。可以看到，这种做法实质上是在编程器件中置入了软件。此时软件的编码和版本就尤为重要，需要纳入配置管理，那么需要什么配置管理信息？

对于 ASIC 和 PLD，尽管 DO－254 标准没有强制要求类似配置索引之类的配置信息，但是开发方最终会编写配置索引。实际应用中用配置索引来代替 ASIC 顶层图，当然仍然要编制、保留顶层图，因为必须能够找到该 ASIC、通信适配器或板卡。除此之外还需要与 ASIC 相匹配的配置索引，这并不是件容易的事情，因为 DO－254 标准仅描述了开发一个 ASIC 或 PLD 的通用过程，并未描述具体方法。开发方必须通过计划、安全性评估、需求捕获和概念设计活动，然后执行详细设计。在进行这些工作期间，还需进行确认、验证、配置管理以及最后的生产转化。

大多数工程师基本上根据 DO－178 标准方法论来处理 VHDL 和 HDL 或进行一些芯片的程序设计，该方法论与 DO－254 标准完全相同（除了它不属于 DO－254 标准外）。当然不能在芯片上进行结构覆盖分析、不能插桩芯片，不能进入组件内部来查看是否已覆盖所有路径，也没有工具支持此类工作。不过，DO－254 标准附录 B 中列示了一些可供参考的分析技术。如果处于 A 级或 B 级，那么可以使用附录 B 中的要素分析，其与结构覆盖分析具有等效作用。要素分析是一个过程，通过 FPGA 或 PLD 内部的电路进行追溯，使用离散逻辑，可以分析一个组件的所有输入和输出。因为可以为每次追溯编制真值表，所以很容易进行。如果还有模拟和总线数据,那么分析会变得非常有难度,但是还是必须进行。

对于 LRU 或电路组件,可以不用考虑 DO-254 标准。如果安全等级低于 D 级,那么 DO-254 标准不适用,在这种情况下使用传统的方法。咨询通告声明,商用货架处理器不需要考虑 DO-254 标准的要求,审定机构更关注历史使用情况。关于商用货架处理器,需从历史使用情况考量。在机载系统中,不应使用不具有稳定系谱的 CPU。

5) 不同安全等级的要求

如图 20-4 所示,在 DO-254 标准硬件生命周期中,需要进行安全性评估、计划、需求捕获、概要设计、详细设计、实现、生产转化、验证与确认,以及配置管理活动。

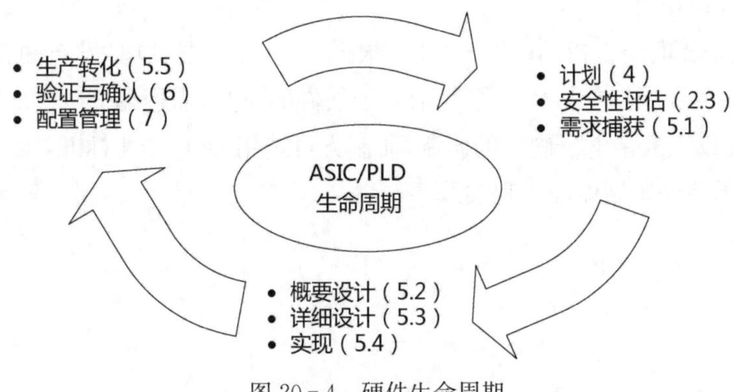

图 20-4 硬件生命周期

DO-254 标准描述了四个不同的安全等级(从 A 级到 D 级)。根据 FAA 咨询公告[2] 的说明,对于 D 级的开发不做强制要求,可使用开发方以前遵循的标准进行,可通过有一个顶层图和测试准则进行追溯,确定组件是否正确。D 级不属于 DO-254 标准范畴。尽管存在安全等级 A 或 B 级,但是 A 和 B 级的设计保证工作内容是相同的,而且 A 和 B 级的设计保证工作是以同样的方式进行。

在 DO-254 标准中不同安全等级的执行略有不同。A 和 B 级的工作量相对较大,C 和 D 级几乎没有区别。A 和 B 级的工作量较大是因为需要进行要素分析、更多的评审和分析。

硬件计划过程的目标与软件计划过程目标大致相同,主要确定硬件生命周期过程,选择和确定相应的标准。在 AC 20-152 中要求有需求标准、硬件设计标准、确认和验证标准，以及硬件归档标准。不同于DO－178标准的三个标准，DO－254标准中要求硬件归档标准。

译者注：

1. 按照DO－254标准附录B的相关说明，FFPA是一个结构化的、自顶向下的重复性分析，用于标识执行功能的特定的复杂电子硬件的设计，通过对失效模式的分析确定硬件架构及其实施是否满足的安全性需求。一个FFPA以系统PSSA开始，PSSA被用来标识系统级FFP，经过逐级分解形成硬件FFP。FFPA的目的是标识单个FFP，确保：第一，实现A和B级功能的硬件可用满足DO－254标准或审定机构允许的其他方法实现；第二，对于C级和较低级功能的硬件实现，只能使用DO－254标准描述的方法实现。因此FFPA的主要目的就是区分关键组件。

2. 此处咨询公告指AC 20－152。根据2005年6月30日发布的咨询公告AC 20 152的要求，对A、B、C级复杂电子硬件的研制，需遵循DO－254标准的要求；而对D级复杂电子硬件的研制，研制方可选用DO－254标准，也可使用已存在的电子硬件研制保证工程实践。

21　硬件设计生命周期

硬件需求文档及其实现与软件几乎一致，有相应的硬件需求，需要硬件需求标准和设计标准，需要转换准则、操作约束、系统级规范及对选择工程方法的描述说明[1]。通过功能分析和分解，对芯片和部件的功能进行划分，做法和软件类似。

1) 硬件设计生命周期

硬件设计生命周期如图 21 - 1 所示。

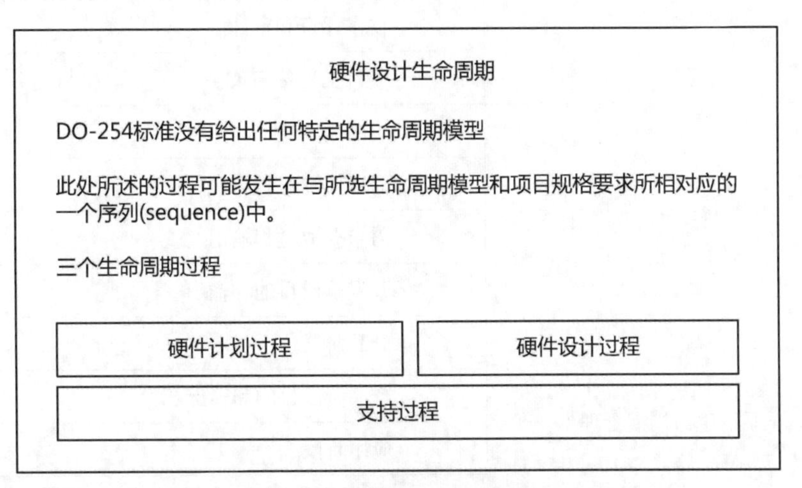

图 21 - 1　硬件设计生命周期

航空电子硬件工程师应更关注成本，选用芯片和部件设计决策的不同可能会造成成本数十万美元的差别，因此硬件工程师应对成本权衡利弊。

DO - 254 硬件标准需求的生命周期过程除了概要设计、详细设计、实现、生产转化、验收测试及支持过程外，还有需求捕获过程，需求捕获过程识别和记录硬件项的需求。硬件工程师还必须关注一个更高层级的过程，也就是他们需要换心芯片集停产断档的问题，所以硬件工程师并不仅仅是关注开发过程。

2) 硬件需求

硬件设计的一些需求如表21-1所示。

表21-1 硬件设计的需求-1

项目	具体内容描述
系统架构开发	备选系统概念评估
	系统架构设计验证
系统分析和控制	商务研究
	系统成本效益分析
	失效模式和影响域分析
	可用性分析
	性能分析/性能
	配置管理
	技术评审和审计
	项目工程备忘录
系统生命周期管理	生命周期
	需求获取过程
	需求获取过程输出
	开发阶段目的和输出
	产品阶段
	产品阶段目的和输出
	应用阶段
	应用阶段目的和输出
	支持阶段
	支持阶段目的和输出
	产品退出阶段
	产品退出阶段目的和输出

硬件设计的另一些需求如表21-2所示。

表 21-2 硬件设计的需求-2

项　　目	具体内容描述
需求简介	需求定义
	需求特征
	需求格式
任务需求分析	入口准则/操作概念
	系统级规格说明
	系统接口定义
	工程方法论选择
功能分析和分配	迭代/水平
	硬件事件分析
	将硬件划分为部件
	硬件需求分析
	创建性能模型
	需求追溯性

DO-254 标准定义了五个主要的设计过程。硬件设计的过程如表 21-3 所示。

表 21-3 硬件设计的过程

项　　目	具体内容描述	目标数/个
需求捕获	硬件需求	3
概念设计	概念设计数据	3
	详细设计数据	
	顶层制图	
详细设计	装配制图	3
	安装控制图	
	软硬件接口数据	
实现		4
生产转化		4

DO－254标准特别关注商用货架产品(COTS)，对COTS的要求与DO－178标准及软件合格审定计划(PSAC)对COTS的要求一致，必须说明其如何应用。例如，有一个1553控制器，应用于通用通信适配器中，DO－254标准要求与之对应的需求、设计和可追溯性。但对1553控制器上所有组件如何评审？按照DO－254标准可不必对其进行评审，只要表明该控制器已被广泛使用，同时制造商具有良好工程实践即可。

在项目实践中，假设有一个COTS，该COTS已广泛应用于移动通信、汽车、铁路交通，由知名制造商生产，具有良好历史记录，则这些服务经历可用来证明COTS元件的设计保证。当然，在后续的系统测试中仍然需要对它进行所有可能的测试。所以，可将产品服务历史作为一定的合格审定置信度。发现一个适用的COTS可能会物超所值，因为确实比重新开发要容易得多。

如果将产品服务历史作为一定的合格审定置信度，则需要检查制造商的质量控制、创建组件的可靠性指标等数据，这一点非常重要。例如，如果产品将在四万英尺[2] 高空飞行，该产品在系统中是一个关键产品，建议使用金属封装的PLD，不要使用塑料封装的PLD。

3) 硬件完成总结

硬件完成总结具体包括如下内容：

(1) PHAC告知审定机构你将要做什么。

(2) 硬件完成总结告知他们你实际做了什么。

a. 系统概述。

b. 硬件概述。

c. 合格审定考虑

d. 硬件设计生命周期描述。

e. 硬件设计生命周期数据。

f. 先前开发的硬件。

g. 额外的考虑。

h. 替代方法。

(3) 这份文档必须标出同已批准的PHAC间的差异，包含硬件的标识信息、更改历史和硬件状态，最后还有一个符合性说明。

(4) 请注意与软件完成总结的相似性。

(5) 如果将先前开发的硬件作为COTS使用，那么需要有替代符合性方法或设计保证方案。

总的来说,DO - 254 标准对复杂电子硬件提供全面的指南。

对于复杂电子硬件,标准和审定机构要求之间存在一些差异。DO - 254 标准论述的是整个硬件,不仅仅是 ASIC 和 PLD。而当硬件开发单位尝试将 DO - 254 标准应用于所有硬件时,FAA 会说不能这样做,只希望将其应用于 ASIC 和 PLD[3]。欧洲人(组织名称原来为 JAA,现在为 EASA)则恰恰相反,虽然他们接受在军用飞机中应用 DO - 254 标准更晚,但通常会要求将 DO - 254 标准应用于所有机载硬件。对于空客或其他欧洲商用飞机,所有硬件 ASIC 和 PLD 一定都要通过 DO - 254 标准认证。所以,应事先与审定机构就 PHAC 进行协调,定义 DO - 254 标准适用范围。

在项目进行 DO - 254 标准认证前,确定与审定机构之间就项目认证的所有问题已经达成共识。DO - 254 标准是一个新标准,RTCA 很想知道标准在实施过程中的新问题,FAA 和 RTCA 有关 DO - 254 标准的讨论结果对大部分 DER 和行业人员公开。硬件开发单位可以在线阅读这些会议的记录和共识。

DO - 178 标准有 66 个目标,这也是 DO - 254 标准的目标。这些目标看起来可能比较模糊,但 RTCA 不会针对这些目标编制检查单,同样也不会告诉使用者如何编制检查单。对于 DO - 254 标准,在确保达到 17 个目标的前提下,开发方可自行决定按照何种方式编制检查单,需求获取有三个目标,概念设计有三个目标,详细设计有三个目标,实现有四个目标,生产转化有四个目标。

4) DO - 254 标准总结

DO - 254 标准总结如下:

(1) DO - 254 标准为复杂电子硬件开发提供了完整的设计保证指南。

(2) DO - 254 标准与 DO - 178 标准相对应,但并不严格对应。

(3) 与任何标准,尤其是新标准一样,其希望能够发现一些不一致和明显被忽略的地方。

(4) 在将 DO - 254 标准应用于项目之前,应确保已经和审定结构就 DO - 254 标准的应用达成一致。

(5) 将应用 DO - 254 标准的经验反馈给 RTCA 或者 FAA,以助于今后在修订时能够改进。

译者注:

1. 对此要求详见 DO - 254 标准 5.1、5.2、5.3、10.2 及 10.3 节。
2. 英尺(ft),英制长度单位,1 ft=3.048×10^{-1} m。

3. DO－254 标准 1.2 节指出，DO－254 标准的适用范围包括现场可更换单元(LRU)、电路板组件、定制微码元件(如 ASIC 和 PLD 等)、集成技术元件(如混合型和多芯片模块)、商用货架产品(COTS)等。

22 差距分析

在明确了 DO－178 和 DO－254 标准的基本要求后，应考虑其如何在公司内部实施。差距分析是通过将公司当前开发过程和 DO－178/DO－254 标准要求进行比较，确定之间存在的差距的一种活动。公司已定义的过程，不可避免与 DO－178 标准存在一定差距，公司业务不尽相同，存在的差距也各有所异，如图 22－1 所示。如果客户是军方，那么可能大多数单位使用 MIL－STD－498、MIL－STD－2167A 等标准或其派生标准。根据 MIL－STD－498 创建的大部分开发过程可以适用于 DO－178 标准，但开发方还是需要明确哪些不适用及有哪些遗漏，从而找出差距并进行弥补。现实情况是，许多公司并不知道差距在哪，更不用说如何进行差距分析。

图 22－1　差距分析

在针对 MIL－STD－498 的差距分析中常见的差距是版本说明文件(VDD)，VDD 源自 MIL－STD－2167A 及其前期版本，DO－178 标准中提供的对应文档为“软件配置索引(SCI)”。如果将 VDD 和 SCI 进行比较，则会发现它们并不完全相同，而是存在一定差异[1]，VDD 主要关注软件构型以及如何重新生成软件。SCI 的范畴远比软件版本说明广泛，内容包括需维护的基线、基线涉及的问题报告、基线中包含的软件和文档，以及重新构建和测试相关内容。因此，SCI 是一个内容更加广泛的文件，如果认为软件版本说明与 SCI 内容完全相符，那就大错特错。VDD结合MIL－STD－498中的软件开发计划的相关内容，可回答软件配置管理中提出的问题。

1) DO－178标准必要过程的差距分析

DO－178标准不关心如何“包装”数据，只要能够提供所需数据即可。如果项目已在遵循MIL－STD－498的过程，可创建一个交叉索引表，说明SCI的要求，说明每一要求与现有数据的对应关系，那么这可能会增加一些难度，但至少不必重新编写SCI，可继续使用VDD。差距分析是什么呢？差距分析会尽力寻求公司现有过程中，与DO－178或DO－254标准相重叠部分，标识不重叠的差距，并寻求差距的解决方案。

评估目前过程/实践与DO－178标准必要过程/实践之间存在的“差距”。

CMM/CMMI级别和DO－178标准目标的差距：

(1) SEI CMMI 1级：70%～90%。

(2) SEI CMMI 2级：50%～75%。

(3) SEI CMMI 3级：35%～60%。

(4) SEI CMMI 4级：25%～40%。

(5) SEI CMMI 5级：20%～35%。

以上的差距分析只是一个经验统计，对于SEI CMMI 1级，可能具有70%～90%差距，但同时也意味着，即便在1级，也至少满足DO－178标准30%的要求，可能是编码过程或是其他。对SEI CMMI 2级，存在50%～75%差距，逐渐下降。对SEI CMMI 3级，存在35%～60%的差距。令人沮丧的是，即便达到了5级，还是会有25%～35%差距，说明DO－178标准存在相比于其他标准、过程独一无二的要求。

在差距分析中，仔细检查DO－178标准论述的每一方面，首先面临的是安全性评估过程，公司如何对其开展差距分析？如果公司遵循MIL－STD－498过程，则已有一个初步的安全性分析过程。该安全性分析过程通常是从软件层面进行，并不是从飞机、系统、设备的层面考虑。也就是说，尽管存在安全性分析过程，但该过程和DO－178标准的要求还是存在差距，需要修改和变更。MIL－STD－498的安全性评估肯定不会评估软件关键等级为A、B、C、D或E级，而是评估为关键、重要或一般。DO－178和DO－254标准使用安全性评估过程，是为了通过不断迭代完善系统架构，确保其与系统安全等级相一致，并确定软硬件的关键等级。

DO－178 标准过程简介如下：

(1) 安全性评估过程。包括三个系统安全性评估过程：功能危害性评估(FHA)，初步系统安全性评估(PSSA)和系统安全性评估(SSA)。

(2) 计划过程。计划过程的目的旨在定义将功能和适航要求转换为软件项的方法，该软件项具有可接受数量的证据，以保证其将安全地执行预期功能。

(3) 架构设计和开发。通过系统过程将安全、功能和性能需求分配给软硬件，软硬件安全评估每个功能的软硬件设计保证等级，并有助于确定适用的设计保证策略。

检查计划过程，当前计划过程是否完成了五个基本计划？大多数公司可能会完成四个，对合格审定计划则有所缺失。是否创建完成三个基本标准？大多数公司可能都具有需求、设计和编码标准，因此只需要将这些标准与 DO－178 标准进行对比，对内容进行扩充、修改即可。如果使用的是美军标 MIL－STD－498 或英国国防部 DEF 标准，那么可能合格审定计划中的大部分内容存在于软件开发计划之中。

差距分析包括如下过程：

(1) 需求过程。识别并记录软硬件需求。

(2) 概念设计过程：产生高层设计概念，确保设计实现符合需求的要求。

(3) 详细设计过程：使用软件需求和概念设计的数据作为依据进行详细设计。

查看需求过程并进行评估，确定过程检查单，检查当前过程是否符合标准要求。查看所有计划文件、需求文档、设计文档、代码、功能测试、配置管理和质量保证。从 DER 的角度来看，当进行差距分析时，会检查所有过程，寻找过程与 DO－178 标准过程的差距，会审查所有资料，确定其是否合规，这就是一种有效的差距分析。差距分析的目的当然是填补差距，保证过程、产品最终可能符合 DO－178 标准的要求。为什么是“可能”？因为即便一名 DER 认为没问题，另一名 DER 还是可能会说不合规。当然，所有 DER 的决定都是正确的！事实上，如果 DER 给出的意见开发方难以接受，那么可以要求他们给出其他公司的类似案例，或者干脆聘请其他 DER。

通常，对于一个遵循美军标 MIL－STD－2167、MIL－STD－498 或英军标 DEF 55 或 56 实施开发的公司，大多会位于 SEI CMMI 2 级和 3 级之间，因为这是政府部门的要求。如果想承担军用软件开发任务，那么应该达到 3 级水平。

部分3级和4级公司都建立了符合各自等级的软件开发过程，不过，他们的实际执行水平是1级，好一些的是2级。换句话说，最强能力不是平均能力；拥有良好的过程，但未必遵循该过程；即便遵循了这些过程，但未必能证明遵循了该过程。注意，一般的计划和软件合格审定计划之间通常会存在较大的差距，大约80%，原因是大部分公司并不具有合格审定计划中要求的信息，而这些信息来自DO-178标准所独有的要求。质量保证计划差距较小，配置管理计划差距较大，开发计划差距适中。

大部分公司所编制的开发计划，并不能回答DO-178标准提出的所有问题。软件验证计划通常面临较大差距，因为大多数公司验证计划中甚至不包括结构覆盖分析，何谈执行和分析。相比其他标准，结构覆盖分析是DO-178标准的独有方面，因此存在差距不足为奇。

认证差距分析应检查如下内容：

(1) 计划文件(PSAC，SCMP，SQAP，SWDP，SWVP)。

(2) 开发和正确性验证过程。此过程包括如下方面：

a. 安全评估。

b. 需求，设计，代码。

c. 功能和结构测试。

d. CM和QA。

e. 工具鉴定。

f. 检查单，评审，审计。

g. DER活动。

2) 需求的差距分析

大多数公司不会从飞机功能角度进行安全性评估，这是DO-178标准的独特之处。大部分商业机构不会进行结构覆盖分析，因为和付出的成本相比并无太多的益处，DO-178标准可能是将合格鉴定作为开发和验证过程组成部分的唯一标准。

大多数公司都有检查单，但检查单并非源于DO-178标准视角，因此会有较大差距。另一个大的差距是合格审定联络，这也是FAA要求的独有步骤。如果没有通过FAA认可，那么将不能通过合格审定。

DO-178标准明确规定，由具有专业背景的人员进行开发活动，不存在待定一说，正确性也意味着不存在“待定”，而现实情况是在DER收到的审定材料中存在大量的待定。目前常用的处理方法是将他们标识出来，写明日后处理，这样做法绝不可行，必须确定待定内容，否则评审是不完整的。如果评审不完整，那么就不能满足 DO-178 标准转换准则的要求，也就不能继续下一步工作。

需求有时确实难以明确，如需求人员可能不确定一个任务周期是 10 毫秒还是 100 毫秒。即便如此，还是需要填入一个适用结果，并附加说明，如任务周期为 100 毫秒，不能留下待定或空白。不能留下空白的原因是如果需求人员不给出任务周期，那么软件编码人员可能会自己决定这一值，并在编码时将这一值代入编码之中，如软件人员随机写成 10 毫秒。接下来的情况可能是，无人检查这一值，一段时间直到试飞后发现任务周期存在问题。经过一系列分析，需求人员会得出结论说任务周期当时计划为 100 毫秒，不是 10 毫秒，只是没有写在需求之中。

待定可运用于一些场合，对于不确定的需求还是应该首先在需求中予以定义，并采取手段确保在设计过程中重新定义。一个常用的方法是生成一个软件变更请求，并保持其为打开状态，直到该问题解决再予以关闭，这样可以确保不会遗漏该问题。

应确保术语应用的一致性。如果在一个文件中使用术语“高层需求”，那么就不要在其他地方说成是“概念需求”。DO-178 和 DO-254 标准关注过程的一致性，因此文件中的术语必须保持一致。如果在一个文件中某一词语是绿色，那么在另一个文件中最好也用绿色。如果金额符号代表一个变量，则在整个系统中应一直以这种方式使用。

可追溯性可以追溯系统级需求至高层需求，然后再追溯到低层软硬件需求至代码和测试。如果系统不具有系统级需求则会怎样？在一个项目实例中，一个工程师小组使用他们头脑里的需求“成功开发了”一个商用产品（极其成功），但由于 DO-178 标准合格审定要求，不得不对该产品进行逆向工程来获取系统需求。逆向过程必须付出巨额成本和市场延迟的代价，这显然给项目带来了负面影响。

软件需求源自系统需求，所以一些开发单位就会质疑。这是否意味着开发单位必须以系统集成商或系统开发商的身份进行开发？当然不是，开发单位应该以一种特定的方式编写系统需求，使其更加量化。如，用户要求实现精确导航，在系统需求中可能就将其为水平偏差小于正负 20 英尺，垂直偏差小于正负 10 英尺，这就是更加量化。又如，用户要求实时性，那么可将其分解为系统对安全关键相关的飞行员操作在 40 毫秒内做出响应，对非安全关键相关的飞行员操作在100毫秒内做出响应。这样做就是在编写系统需求，并且只有这样需求才会更明确。

在项目实践中通常会发生的情况是用户定义基本功能，开发方的销售团队记录用户定义的基本功能，研发团队根据基本功能，通过与用户沟通逐步形成操作定义、操作手册和系统需求，有时系统需求干脆由开发方自己编写。编写系统需求有时十分困难，如为操作系统这类软件编写系统需求就不得不绞尽脑汁。无论如何，系统需求的开发也需不断迭代，直到一份好的系统需求出炉为止。

应关注不可测需求，例如，DO－178标准要求软件具有鲁棒性，如要求软件在异常情况下降级，降级的具体含义为系统等待10秒，提供报警，而后关闭重启。重启后由备份软件接管系统，但如何出现降级并未明确，软件测试人员可能尝试各种方法也不能造成系统异常。这些都是不可测试的情况。

DO－178标准要求软件需求数据包含各种操作模式下的功能需求和操作需求[2]，实现此要求，开发人员需明确什么是操作模式、操作模式由何人决定及什么是操作模式下的功能和操作。一个典型的飞行显示器可能包含导航模式、引擎显示模式、增强型近地警告系统（enhanced ground proximity warning system，EGPWS）、空中交通防撞系统（traffic collision avoidance system，TCAS）模式等，需要明确需求对这些模式如何覆盖？覆盖到什么程度？

为了符合“软件应易于使用”趋势，应最大程度上降低对计算机存储器的使用，以便为以后升级留有余地。客户在每一份需求文件或客户规范中都提出了“软件应易于使用”的要求，但是在多数情况下，客户接触的仅是系统，而不是软件，所以开发方自己应明白如何使“软件易于使用”。

不定量的描述常常造成开发中的问题，如充分的、模块化的、可达的、足够的、精确的、完成的、可能的、更好的、更高的或更慢的。对此不同的人会有不同的理解，这种描述不是工程做法。工程要求一致性、精确性和准确性。

需求和目标如何区分？需求意味着必须完成，需求不是目标。目标意味着希望实现，目标不是一个需求，目标不能够在充分性、正确性方面进行定量的检查。对于软件需求和系统需求，应以规范的方式编写，祛除不明确需求，详述好的需求。

如果开发人员已经具有了软件架构和软件设计背景，将大量设计细节带入需求之中，并称之为需求，而接下来要求进行低层需求开发，那么这时低层需求中写些什么？不得已将代码的实现细节带入低层需求之中。这样会导致为每一行代码编写测试用例，因为代码几乎都成为需求，这简直就是匪夷所思的工作。

如果真的在软件需求或系统需求中包含了大量设计细节，那么请马上停止。如果有人问低层需求在哪，则只需回答低层需求包含在软件需求或系统需求之中，因为系统需求或软件需求可以直接用于编码。

3）设计与编码的差距分析

常见问题如下所述：

（1）数据流不一致。曾经有一段时间，流行使用软件数据流图开发软件需求规范，围绕数据流图说明功能要求，一些人会随意更改数据流上的名称，或更改流向其他地方数据流上的提示符，这种做法应予以避免。在编写规范过程中，应一直使用专门用语，避免不一致性。

（2）从给定输入中得到输出。糟糕的需求只能得到更糟糕的结果，典型情况就是所有场景未经标识并未经过认真考虑，对此一些 DER 推荐使用 UML 用例图，因为它迫使开发人员考虑所有可能场景。用例图的确是引出需求的一个好方法，但一些开发人员使用用例图描述需求是不可取的，因为用例是一种启发式的方法，应根据用例进而设计需求，而不是直接将用例作为需求。“不识庐山真面目，只缘身在此山中”，不能让对系统特别了解的人员编写软件需求，因为如果对系统非常了解，在编制需求时已经具有了大量其他人未知的假设，那么编写人员会认为其他人员也知晓这些假设，所以不会将其描述在需求之中。需求不是写给一个人阅读的文学作品，而是要求对其中的内容在需求、设计和测试人员中达成一致的认识。

此外，当然还要避免一种情况，即工程师通常只能描述他们所了解的领域。一个常见的现象是在事前询问一群工程师对某一领域是否了解，人人可能都会眼皮不眨地一番慷慨陈词，但真到一些技术细节时就默不作声。需求开发人员如果对专业领域特别陌生，那么就只能写一些普遍适用、较为空泛的内容。为避免这种情况，需求开发需要内容全面的需求标准、完善的需求过程和适用的检查单，以此保证所编写的需求一致、完备。

需求是开发的基石，如果发现出色的需求开发人员和系统人员，则高薪聘请，会物超所值。减少需求编写人员的人数，提高需求编写人员的素质，因为几个诸葛亮的确比得过一群臭皮匠。需求是基础，成功就在离良好需求不远的地方。

（3）应定期整理需求。伙同质量保证人员，在几分钟内评审通过需求，并得出需求有效的结论不符合 DO－178 标准的要求，这只会离成功的目标越来越远。需求需要通过评审，需求的评审需要证据支撑。在需求评审过程中最好使用工具，因为工具能帮检查并进行追溯活动。

不成熟的需求将导致大量的“梳理”工作，需求版本也因此不停升级，这对开发是极大的浪费。20世纪70年代前，软件工程界的诸位巨擘就已指出大多数的软件缺陷都是由需求引起的，甚至现在，该问题依然存在，DO－178标准着力解决这个问题。

软件项目经理喜欢拷问应聘新兵的问题之一是“什么是软件设计？”如果他们一开口就对C＋＋、编程之类长篇累牍、赘述不已，那么结果大多是被拒绝，因为那不是软件设计，而是编程。有的软件工程师会混淆设计和编程之间的关系，编程是学习如何使用一把斧子，而设计是考虑该用哪一把斧子。编程人员知道如何将各个部件集成到一起，但未必知道集成到一起的软件实现了何种功能。

“需求”对于“设计”就如同“什么”对于“如何”，需求的获取其实很容易。一些编码人员发现他们不需要需求就可以完成编码，干脆将编码当作需求，在“瀑布”模型中可直接从需求过程的左边跳到右边。只能说他们对需求的概念不清，需求是关于什么，而不是怎么。

按照已定义的软件开发过程，项目最终将到达编码阶段，进行编码和集成。FAA并不关心使用何种语言（DER建议使用ADA，C和C＋＋），如果使用C＋＋编程，那么FAA会提供一整套指南，因为C＋＋和ADA具有动态特性，ADA中的运行期内核具有动态性，然而DO－178标准强调确定性。

确定性是动态内存分配、动态堆栈和动态堆的对立面，动态特性使软件运行存在不确定性，类似多线程、多进程、动态分配、动态堆栈和动态堆等情况需要谨慎处理，所以尽管编码可以使用任何语言，一些偏执的DER喜欢汇编语言，因为汇编语言不会使系统误入歧途。无论如何，编码必须与低层需求相一致。

在完成编码、通过编译获取目标码后，必须对源代码进行评审。确定源代码是否符合设计、高层需求及低层需求。

编码对标准的符合性指通过评审，确定代码是否符合设计标准和编码标准。评审时必须在检查单中留下证据，证明你实际评审了什么。

（4）低层需求的可追溯性。在编码前，需要执行什么追溯活动？需建立软件高层需求到软件低层需求的追溯关系，DO－178标准要求在项目结束执行符合性审查时，必须存在追溯关系记录。事实上，追溯矩阵是一个确保追溯关系的工具，软件工程师从项目一开始就应建立追溯矩阵，在每个阶段都维护可追溯性。追溯矩阵不仅有益于覆盖检查和管理,而且对软件生命周期中的转段活动也有很大的意义。

一个重要转段点是从设计到编码的转换。在该阶段,应执行编码标准的评审和可追溯性的评审。代码是否准确、一致?按照DO-178标准附录A中的要求,这是编码阶段的目标之一。毫无疑问,在代码同行评审时代码必须具有可追溯性,评审人员必须依据追溯性确保代码不仅实现了它所追溯的需求,而且仅实现了那些需求。

一个公司使用螺旋型软件生命周期进行软件项目开发,它的表征是基本的瀑布模型,实质是“螺旋”式的重复迭代直至项目满足用户需求为止。该项目计划早已形成,在迭代过程中没有重复编写,但需求、设计和代码重复执行。就本质而言,DO-178标准不排除这种软件方法,但项目必须依照DO-178标准符合性审查,必须留下符合性证据。

每次创建基线时,DER都希望看到证据表明项目的实施遵循了确定的过程。如果代码进行了更改,那么DER希望看到对该代码和需求进行再次评审的证据、测试用例证据以及DO-178标准涉及的其他过程证据。质量保证人员和DER将对这些证据进行审计,确保其正确。

表22-1给出一个良好的航空电子开发机构(指通过SEI CMMI 3级认证)的每个基本软件生命周期活动与DO-178标准要求之间存在的典型差距。可以看到,质量保证、配置管理和软件开发存在较小差距,而DO-178标准特定要求的活动存在较大差距。

表22-1 典型差距分析

审定活动	差距/%	审定活动	差距/%
PSAC	80	结构覆盖率测试	90~100
SQAP	20~30	CM	10~30
SCMP	10~20	QA	50
SWDP	40~50	工具鉴定	100
SWVP	60~70	检查单	30~50
安全性评估	80~90	评审	30~50
需求定义	20~30	审计	30~50
设计	10~15	DER联络	100
代码	5~10	工具鉴定	100
功能测试	5~10		

译者注：

1. 根据 GJB 438B—2009《军用软件开发文档通用要求》，软件版本说明（software version description，SVD）标识并描述由一个或多个计算机软件配置项（computer software configuration item，CSCI）组成的软件版本，用于发布、追踪以及控制软件版本。软件版本说明的主要内容为列出构成所发布软件的所有物理媒体和有关的文档、构成所发布软件版本的所有计算机文件，给出记录当前的软件版本自上一个版本后引入的所有更改列表，标识或引用包含在软件版本中的所有数据，列出与所发布软件有关但为包含在其中的文档，描述软件安装有关说明、软件版本在发布时可能发生的问题和已知的错误等。

根据 DO－178C 标准 11.16 节，软件配置索引（SCI）标识软件产品的配置，可能包括一个或一组配置项的数据项。SCI 应标识如下内容：

（1）软件产品。

（2）可执行目标码。

（3）每一个源代码部件。

（4）软件产品中先前开发的软件（如果使用）。

（5）软件生命周期数据。

（6）归档介质和发放介质。

（7）构建可执行目标码的指令，如编译和连接指令和数据；用于恢复软件以进行再生、测试或更改的规程。

（8）引用的软件生命周期环境配置索引。

（9）对可执行目标码的数据完整性检查。

（10）对用户可修改软件修改使用的过程、方法及工具。

（11）将软件加载入目标机使用的过程和方法。

比较可以看出，SCI 的内容比软件版本说明的内容更加宽泛，SVD 主要针对配置项的版本、版本的变更历史、相关文档、数据及当前版本在安装时可能出现的问题。而配置索引不但包含以上信息，还包含软件生命周期环境配置索引、软件加载控制、软件编译要求，以及对用户可修改软件等特定情况的考虑。

2. 见 DO－178C 标准 11.9 节 b 条。

23 再谈验证

假定编码人员在实验室完成代码调试，认为代码工作正常，再着手编写与之匹配的文档。这看似软件通过 FAA 或 DER 审定的捷径，并且在这种情况下编码与文档肯定一致，QA 工作也似乎多余，何乐而不为？而实际上，这种工作模式会严重阻碍产品通过合格审定，DER 并不希望先开发代码，再编写文档，然后建立可追溯性和通过质量保证，最后将结果提交至 FAA 的工作模式。这是传统技术标准规定(TSO)审定的工作模式，这种工作模式之所以存在是因为技术标准规定审定仅关注最终的结果，FAA 对这种工作模式表示理解，但并不希望如此。DO-178B 标准的先前版本 DO-178A 标准没有明令禁止这种做法。2000 年以来，DO-178A 标准在商用航空电子项目中普遍应用，明确要求研制方定义软件生命周期模型和转换准则，要求软件研发遵循已定义软件生命周期过程。对以上提到的先开发代码后编写文档的做法，DO-178 标准当然不会不闻不问。虽然有些公司的确使用这种办法通过了合格审定，但这种做法绝非 DO-178C 标准目标所愿，对软件质量和安全性不但有百害而无一利，而且对软件复用性、可维护性以及成本效益的贡献甚微。

1) 验证

验证是评估每个过程的结果，以确保其正确性及与输入和标准的一致性。验证并不仅仅是测试，测试只是验证的一种方法。在很多情况下，验证是以评审的形式检查正确性和一致性。对评审 DER 最关心的问题是如何执行评审和分析、评审和分析遵循什么过程、评审和分析的结果如何记录及记录在什么地方等，遵循过程应是项目标准的一部分。

项目验证计划中要详述回归测试的策略和验证过程的概况。回归测试必不可少，在 DER 参与合格审定的众多项目中，至今没有项目独善其身、完美之至，所有项目都不可避免地存在变更，开发过程的不完善和变更必然导致更改和回归测试。回归测试是否一定严格符合验证计划？对此最简单的做法是按照验证计划，将测试全部再执行一遍，至少这样不会出错，因为 FAA 期望如此，但项目管理层可能因成本问题对此心怀不满。作为折中方法，大多数 DER、FAA 及合格审定相关人员均允许仅针对变更影响域范围内的部分实施回归测试，如果项目准备如此实施，那么需先期在软件验证计划中予以明确。除此之外，还需明确如何确定变更影响域的范围。

如果代码发生变化，那么回归测试应首先测试该代码，然后使用追溯矩阵（追溯矩阵需要及时更新）沿着所有追溯路径，寻找任何单元相关的更改项（需求、设计、代码、其他测试等）。软件分析包含许多内容，数据耦合和控制耦合分析位列其中，明确变更影响域范围时，还应通过数据耦合分析明确与变更代码相关的数据，以及与该数据相关的其他代码，如全局变量或指针等，对其进行测试。如何明确代码影响到那些需求呢？通过追溯矩阵可以从变更的代码追溯至其对应的需求，找到需求相关的测试用例并重新运行，不多不少。以上方法可重复，明确清晰。

2）定性评估正确性

评审是一种定性的方法，是对被评件及相关文档的检查或评估，评审需要以工程经验为基础，以确定被评件是否正确。在评审期间，不要指望质量保证人员提供太多帮助，因为质量保证人员对评审活动的职责是保证评审遵循已定义过程，而非技术的正确性。如果质量保证人员在过程评审的同时又进行技术评审，那么只会造成二者均疏忽失察。因此，FAA 通过 DO－178 标准将质量保证人员对评审和审计的职责主要归结为过程评审，技术评审对质量保证人员来说属于锦上添花。评审并不仅仅是“阅读”，通过评审，表明评审人员对被评件的认可。

评审的内容是什么？FAA 希望研制单位认真思考 DO－178 标准的要求及对该问题的回答。评审应满足何种准则？这就是编制检查单的原因所在，详尽适用的检查单在评审中不可或缺。

测试不是一个定性的过程。不管被公认与否（一些智者会持不同观点），测试必须是一个确定的过程，测试或者通过，或者不通过，一个测试可重复进行，可定量考察。测试通过对系统功能的遍历确定其是否满足给定的需求，确定系统是否正常工作。测试具有预期的输入和输出过程，为获取结果，测试可通过在相同条件下重复执行取得相同的结果。一旦完成了编码和开发过程，测试过程就可以开始。

代码指什么？软件是什么？源代码指什么？代码、软件及源代码本质上是用不同语言编写的不同类型的文档，所有这些均可称之为软件之“源”，一旦建立，就在那里，成为后续工作的基础。

集成测试是在目标硬件或仿真件上进行的，通过对软件集成和编译结果的检查以确定软件可否正常运行的一种测试方法。集成测试的目的是检查最终的可执行代码，测试用例和测试程序的开发是为了通过其运行，从真实的目标机或仿真件中获取结果。在集成测试之前应已完成编码至编译的转换，通过编译清除了相关的错误，使用类似于PolySpace的静态分析工具清除了代码问题，在其后还要通过评审保证测试结果的正确性。

验证期间要进行评审和测试，并分析测试用例对需求和代码的覆盖情况。不同于军用测试标准，DO-178标准从未将“演示”(demonstration)列为验证方法，也未提及“检查”(inspection)。DO-178标准要求对软件进行“评审”，而不是“检查”。尽管“检查”和“评审”经常被混为一谈，但还是有所区别。归根结底，检查应是评审的一部分，不首先进行检查就无法进行评审，但检查可以不考虑评审准则单独实施。因此，在DO-178标准中，对软件进行的是评审，而不是检查，因为评审要求依据详细的检查单。

如前所说，评审依据详细的检查单，但检查单的条目从何而来，是否就是DO-178标准附录中列举的条目？答案是否定的，那些不是检查单条目依据。DO-178标准附录中列举的条目仅仅是计划中软件各生命周期阶段需要考虑和参考的关键方面。那么，检查单条目到底从何而来？为何DO-178标准未包括检查单条目？DO-178标准是由业界专家在充分讨论的基础上编制的，任何专家都不能通过DO-178标准将自己公司的“文化”强加于其他公司。检查单从某种意义上代表了本公司的“文化”风格，所以DO-178标准规定具体的检查单条目是不现实的。另外，在诉讼成风的美国，如果FAA规定了检查单条目，各航空供应商根据检查单条目填充数据，那么飞机失事的责任归咎于谁？陪审团甚至会将责任归咎到提供检查单的FAA，所以FAA提出了一个很高明的方案：每个公司编制能反映自身开发实践“文化”的检查单。有人问检查单可否从三方获取？当然可以，21世纪几乎所有的东西都可以通过商业渠道获取，例如，在某些项目中，研制方选择High-Rely公司的检查单，原因是其对High-Rely公司的软件研制方法有所偏好。目前有很多公司出售检查单，软件研制单位可在做出调研后确定项目使用哪个公司检查单。

可否在DO-178标准过程中使用“演示”？答案是否定的，原因是这不符合DO-178标准的确定性要求。不同的人通过观察“演示”得到的结果未必相同，因为“演示”不会客观证明侦测到的错误，并且不能通过“演示”的重复得到相同的结果。“演示”仅仅展示看到的现象，如看到一盏灯在闪烁，并不知道它为什么会闪烁，是否按照需求闪烁，所以“演示”在DO－178标准中未得到使用。

美国国防部军用标准MIL－STD－498、MIL－STD－2167、DEF STAN 00－55、DEF STAN 00－56及其他IEEE类标准允许通过“演示”进行测试。如果项目正在执行的是IEEE类标准过程，那么需要将“演示”转变为测试。在生命周期的测试阶段，依据输入，运行测试，获取输出，在每个转段点进行评审活动，保证在转段过程中的一致性和准确性，同时说明检查单如何工作。

DO－178标准要求在验证阶段进行评审、分析和测试，在评审中，如何确定准确性和一致性？

对A级软件需要检查源代码和目标码的对应关系，这通过结构覆盖分析实现。不同基线所包含的高层需求应追溯至其包含的低层需求，通过对基线的验证确保其满足需求。在基线验证过程中，需要在目标硬件，包括目标机、I/O、BSP和操作系统上运行软件，从而保证软件与目标机的兼容性。

如果测试在目标机环境中执行，那么当然保证了软件与目标机的兼容性。但如果测试并不是在目标机上执行，可否证明软件与目标机的兼容性？DO－178标准允许在模拟器中执行测试，获取合格审定的置信度，但在这种情况下无法检查与目标机的兼容性，因为并没有在真实目标机上进行测试，所以在模拟器中只能检查功能性及需求与功能的一致性。

通过评审保证需求可追溯至设计及源代码，通过评审保证需求可追溯至测试用例，在软件验证时，应使用统一的编译器和目标码。这样，在对需求执行功能测试的同时，也可通过结构覆盖分析工具在目标机中得到测试用例对源代码的结构覆盖分析结果。如果是在模拟器上执行测试，那么应抽取5%～10%的典型测试用例在目标机中在此运行，以证明模拟器的有效性。关于模型器测试，大部分和故障处理相关的测试可在模拟器上进行，因为在实际环境中，很难获取故障注入条件，很难进行鲁棒性测试。

关于鲁棒性测试和错误/边界值测试，尽量避免在目标机上进行，大部分目标机环境难以支持通过故障注入确定软件是否满足需求。在理想情况下，当然应具备目标机测试环境，该环境允许故障注入和定时控制，然而，这几乎是不可能的。如，对一个包含5 000行以上需求和50 000行以上代码的大型软件系统进行测试时，通常会将测试用例分为模拟环境测试和目标机环境测试两大类，可以在模拟环境中执行3 000条需求测试，在目标机环境中进行2 000条需求测试，再从在模拟环境中测试的3 000条需求中选择500～600条需求，在目标环境中再次测试，以检查等效性。如果该软件是A级软件，那么必须检查这种等效性。如果该软件是B级软件，虽然没有强制要求进行源代码-二进制代码的对应检查，但每个DER还是很想看到这种等效性检查的结果，因为模拟环境和目标机环境总是存在差异，仅仅在模拟环境中进行测试无法获取DER的完全信任。DER是一个合乎逻辑、注重实效的群体，模拟环境如果构建的合适，当然与目标机环境几乎相同，因此工程测试的结果也可能相同。一定程度上模拟环境的确可以代表真实世界，但DER关心的是，目标机环境是否会以同样的方式工作？

如果模拟器是一个指令模拟器，那么对该模拟器就存在工具鉴定问题，一般无人去对软件模拟器进行鉴定，只要表明目标码所包含指令集在模拟器和目标机中执行会取得相同的结果。类似情况在DO-254标准验证中也存在，对HDL代码可进行模拟验证，可使用模拟器模拟FPGA和CPLD工作。当然，此类模拟器需要通过工具鉴定。

如何确认模拟器工作正确？可以通过在目标机上运行相同测试，产生同样结果来说明模拟器工作正确。问题是，为实现此目标，需要在目标机上重新运行的测试用例的百分比是多少？DER中的中坚分子或FAA代表会要求全部重新执行。当然，他们之中也不乏通情达理之人，理解开发方对成本和进度的担忧，会允许执行“代表性”测试集合来验证模拟器的正确性。但紧接的问题就是，“代表性”测试集合如何得到？对此没有正确答案，因为往往是协商的结果。如果验证计划中写成“10%”，且FAA或DER审批通过，那么就不必进行多于10%的测试，当然，也有30%～40%以上的情形。

项目在进行过程中，开发方可与FAA进行协商，也有权对FAA的要求提出质疑。不过，这绝非明智之举，因为这会使双方关系相当紧张。正如在一场战役中，即便赢得十次战斗的胜利，还是会最终输掉整个战役。如果开发方与FAA或DER的关系呈“战斗”之态，那么不管怎样，输家都是开发方。长期双赢的实现取决于与FAA友好协商，而非对立分歧。

项目在开展过程中，不要与FAA或DER争论。FAA对DER的要求是DER首先不与FAA发生争论，因为DER代表FAA开展工作。公司内部的DER，即便是公司的雇员，只要其带有DER这个头衔，代表的也是FAA。但如果一个公司的DER从未与FAA协商过公司项目的实际情况，那么说明其及不称职，因为他或许并没有为公司的利益着想。开发方和FAA之间，或多或少有些协商，有些相互理解和相互妥协。对以上测试比例这件事，只需在验证计划中根据某种逻辑定义一个比例，而后与DER或FAA协商，并与其达成一致。

测试的目标是验证软件对需求的符合性，测试或者通过，或者未通过，二取其一。在测试过程中会使用众多可追溯至需求的测试用例和测试程序。很显然，如果测试通过，那么它就是正确的。如果错误存在，那么它将会以与等级相匹配的置信度被标识出来。

3）从软件等级说起

从结构覆盖的角度，测试不能说明软件是否可正确执行。结构覆盖分析仅说明编码的完善程度及需求验证的完整性。软件测试起始于：是否编写覆盖需求的正常范围和鲁棒性测试？是否测试了所有等价类？测试是否达到关键等级要求的覆盖准则？

基于需求的软件测试包括软硬件集成测试、软件集成测试和低层需求测试。测试被分为这三类，但在实际项目实践中，测试针对的是接口、功能性需求和派生需求。这意味着测试与需求的追溯，不管是功能需求、高层需求、低层需求还是派生需求，需要依据标准针对不同类型的需求编写测试用例。

覆盖分析可以确定哪些软件功能未被测试，如果测试用例未完全覆盖需求，那么将导致未被测试覆盖的代码。所以，首先应做的是，使用追溯矩阵进行需求覆盖分析，确保已将所有需求分配给测试，测试用例覆盖了所有需求。如果考虑周到，则在需求编制的同时就应编制了测试用例。如果项目进展的比较仓促，则直到需求评审后才开始编写测试用例，或许验证工作将耗费更多的成本。不管选择哪一种方法，在测试用例评审期间都需要评审追溯矩阵，确定所有需求已被覆盖。

在一些情况中，使用现代工具更容易进行基于需求的测试工作，查找追溯矩阵中是否有漏洞。如果发现漏洞，那么说明测试用例对需求的覆盖存在缺失。随后进行结构覆盖分析，最理想的情况是在运行测试时对所有代码进行插桩，因此可以明确测试用例未覆盖的代码，并对其进行分析。

实际工程实践中，往往存在未被覆盖的代码。果真如此怎么办？首先，确定该代码是否应被执行，如判定代码在操作期间是否应被运行？这是一个二元判定，不允许回答“可能”或“或者”，只能是“能”或“不能”。如果不能在操作期间执行，那么应确定它是死码还是非激活码。死码没有理由存在，必须予以清除。如果该代码在飞行中能够执行，那么应查明目前为何不能执行；如果可以通过测试覆盖到该代码，那么应增加与该代码相关的需求。这样一来，通过增加测试用例验证这些需求时，先前未被执行的代码将被执行。如果在实际中，几乎不可能创建出执行该未覆盖代码的测试场景，那么可以使用分析的方法来进行验证，应向DER说明该分析方法，同时应将分析结果记录到测试报告中。

如上所述，如果测试用例未覆盖代码不能在操作期间执行，那么应确定它是死码还是非激活码。死码是指在飞行中不能被执行且没有理由存在的代码，必须清除。但为什么必须清除？是因为它永远不会被执行？恰恰相反。如果存在一个未检测到的编码错误，则导致软件可能会运行到原先不会运行的死码分支，或当发生未预期的指针错误时，导致死码被执行。此外，保存含有不可执行功能的代码，会增加将来出现错误的可能性，因此死码必须被清除。

有时，死码并非真正的死码，有其存在理由，并且开发人员希望证明其存在合理。如果能证明死码存在合理，并且经过DER的认可(最终必须获取DER的认可，而且赶早不赶晚)，那么这部分代码就不能归为死码，实际上是非激活码。非激活码是在操作期间发现的不可执行的但有合法理由存在的代码，代码存在的合法理由包括软件维护、编译器提供函数库、防御性代码、不同飞机构型的代码等。非激活码必须评审和分析，在测试结果中进行说明，必须获得DER的认可。

如果使用条件编译或编译程序提供的软件库，那么是否会产生死码或非激活码？条件编译本身不会产生非激活码，条件编译是用来有选择性地挑选或排除编译所用的源代码。如果该源代码未在编译过程中使用，那么就不应将其列在目标码中；如果它不在目标码中，那么就不可能在目标机中执行，更不用说在航空电子设备操作过程中执行了。

根据编译程序提供的软件库和链接器分析，二进制软件库中可能包括未使用或未引用的功能，所以二进制软件库可能包括不能被执行的分支。此类分支属非激活分支，处理方式和上面描述的非激活码处理方式相同。项目的编码标准中应明确清除死码及保存非激活码的理由，软件开发人员应接受相应的培训，宣贯清除码且最大程度上减少非激活码的要求。

如果需求和结构覆盖分析能顺利达到预期目标，同时DOORS等需求管理工具在项目中成功应用，需求追溯清晰明了，那么项目实施就步入了康庄大道。

4) 测试开发

项目策划结束，转换准则允许，即可开始编制测试用例，到底是测试用例包括测试程序？还是测试程序包括测试用例？测试用例和测试程序的定义取决于不同公司。有的公司一个测试程序包含10～20个测试用例，有的公司一个测试用例重复10～15次出现在不同的测试程序中，这是一个术语的用法问题。DO－178和DO－254标准绝对没有确定该用哪一个术语，研发单位可视情而定。

创建一个测试程序，将多个测试用例放在其中，然后开始测试。最理想的状况是，在编码之前的需求评审过程中就开始编制功能测试用例。单元测试能否取得合格审定的置信度？DER对此的回答是不能。开发方可以先期制订模块测试、集成测试、验收测试和飞行测试的策略，以便提高测试的覆盖率。当开发人员在对软件模块执行单元测试时，DER将这种测试称为单元测试，认为这种测试是非正式测试。当依据低层需求对软件模块进行测试，获取合格审定置信度时，DER将这种测试称为低层测试。

通过软件低层测试获取合格审定置信度合情合理，非常必要。开发方在非正式代码质量改进过程中进行的单元测试虽然是可取的，但是此类测试不符合DO－178标准测试要求。在需求覆盖分析后，还需要结构覆盖分析证明同一组测试用例对代码的覆盖情况。对结构覆盖分析DER不能接受的情况是大量的结构覆盖分析结果来自软件低层测试，因为低层测试不是从系统或高层需求的角度检查系统功能，结构覆盖分析的目的已通过分析标识不能追溯至需求（尽量是高层需求）的代码或死码。

正常范围测试针对输入范围、正常中断及正常的状态转换。谈及正常范围测试的时候，必须明确其测试包含的具体内容，有关输入、中断、状态转换的内容往往在高层需求后以派生需求的方式包含于低层需求之中。所以，测试用例应覆盖所有派生需求，派生需求应反馈至高层需求及系统过程进行评估，并与高层需求之间建立追溯关系。测试用例对需求的覆盖分析应确保测试用例覆盖了全部的派生需求。

5）状态转换

如果在软件架构中使用了状态转换图，那么DER作为工程人员[1]，将检查状态转换图的测试用例，测试用例应遍历所有的状态转换。对状态转换的测试与正常范围测试几近相同，按照状态转化的每一分支，依据需求编写功能测试用例，确保测试用例覆盖了所有可能的状态转换。

测试中经常面临一些非常具体的情况，如对一个循环进行测试，该循环使用循环计数器从初始值循环至终值。如果在循环过程中，循环计数器因某些原因发生错误，或循环的终值发生变化，那么会发生什么情况？需要设计测试用例对此进行测试，需要检查可能导致循环发生错误的代码，并增加对循环计数器边界的测试。

如果在软件运行中出现问题导致某些指针指向非法地址,那么后果将会怎样?应该针对这种情况进行测试。很多人会说,针对这种情况最简单的处理方式是建立机内自检(built-in test, BIT),通过不断检测,或使用看门狗定时器检查工作流。如果发生以上情况,则会导致系统复位,并且这的确是一种有效的措施。

当一个典型的 for 循环出现错误时(如循环计数器越界),可能无法检查发生了什么及代码受到了什么影响,因为几毫秒后系统就重启了。即便如此,还是要对其进行测试,检查重启是否成功。这种类型的测试往往被忽略,原因是它们不在需求之列,通常是由设计引起的派生需求。如果它们出现在需求追溯矩阵中,那么需要为它们编写测试用例。

如果使用类似 Integrity - 178 之类的实时操作系统,则需要结合时间分区功能防止应用运行超时,对此经常使用看门狗计时器,以检查处理器非正常挂起或进程运行超出所分配时间片。大部分板级支持包(BSP)都支持看门狗计时器,该看门狗计时器通过递减操作来完成计时工作。BSP 和应用软件应定时进行"喂狗"操作,即将该计时器重置到一个非 0 值,计时器递减到 0 以后将导致系统重启。

6) 异常处理

操作系统所具有的异常处理功能取决于所使用的操作系统,不能想当然认为异常处理都能正常工作。如果使用的操作系统未经合格审定,那么开发人员可能需要自行编写异常处理程序。例如,操作系统可能会因地址读写错误导致异常,异常发生后,需要将其记录而后返回正常工作。如果在高层需求中没有此类描述,那么至少应作为派生需求出现在软件低层需求之中。总之,如果编写了异常处理代码,应验证其工作正确,且可追溯至相应的需求。

7) 性能测试和分析

在机载嵌入式系统中常常使用周期任务,如有一个 30 毫秒的周期任务,任务执行 20 毫秒,10 毫秒用来进行后台操作,这种情况在嵌入式系统中司空见惯,在 30 毫秒的调度周期中,任务周期只占 20 毫秒,留有 10 毫秒的冗余。对任务的执行应评估最好和最坏执行情况,这属于鲁棒性测试的一部分。鲁棒性测试的非正式定义是"破坏性测试",测试软件在非正常情况下的工作情况,所以应加载所有输入和输出,尽量使软件处于满载或过载状态,测试任务是否始终在 20 毫秒内执行。

如果任务执行超时，那么怎么办？这就是性能测试的一部分，DO－178标准在软件完成总结要求总结所开发软件的特征[2]，包括可执行代码的规模、时序、内存余量、资源限制等，并解释如何对这些特征进行测试，是否根据经验？是否使用了分析器？是否使用中断处理？如何确定时序是否正确？

有时测试用例确实难以开发，因为测试并不是需求的一部分。在软件需求中往往没有明确定义压力测试的要求，压力测试是用来检查产品是否具有预期可靠性的一种方法，DO－178标准并未要求进行该测试。在压力测试中，应尽力使负载成为正常时的数倍，对于一个35毫秒的周期任务，执行压力测试时应尽量使任务过载数倍，然后在最坏情况下让软件运行，检查任务周期是否超时。

压力测试的理念是如果通过测试捕获任务超时一次，就可能会发生第二次，那么是否会因多次超时引起系统调度混乱，而导致系统崩溃？压力测试就是检查系统最终是否会发生这种情况。

软件测试一般不执行破坏性测试，如时钟超频、拔掉管脚、切断连接等，这些破坏性测试可在仿真环境中进行。如果软件是A级，想得到更高级别的鲁棒性，那么可以进行一些破坏性测试，但不是强制要求。大部分开发人员到项目接近结束时，在实验室中会有一些来自开发的不同阶段的多余硬件模块，只要项目能够负担得起，可对其实施一些破坏性测试，因为产品一旦通过合格审定，这些多余模块就回收利用。如果项目需要，那么进行一些压力测试和破坏性测试也许是必要的。当然，这不是强制要求，也可使用分析完成同样的工作。

一家软件公司曾经为某大型轰炸机项目进行编码，最终顺利完成。软件的验收测试由一名二星将军坐在飞行模拟装置中通过实施投弹任务完成，他接收战斗命令，操控轰炸机飞临投弹点上空，实施投弹任务，随着炸弹的投放，在屏幕上出现巨大的蘑菇云，一切看起来顺风顺水，完美至致。但突然屏幕一黑，一条“咖啡时间”的标语随即闪过，让人啼笑皆非，让所有参与验收人员不知所措。无法查明哪位工程师应对此负责，但将与软件无关的任何内容带入正式软件测试绝非良策。

8）测试用例的级别

软件单元的定义是什么？如果开发方是按照美军标MIL－STD－498[3]实施开发，那么计算机软件配置项（CSCI）、计算机软件部件（computer software component，CSC）、计算机软件单元（computer software unit，CSU）已有明确定义，测试分为配置项测试、部件集成测试和单元测试。对每一个CSCI和CSC按照需求实施配置项测试和部件测试，在测试同时执行结构覆盖分析。这种做法天衣无缝,看似完全符合合格审定要求,但测试结束后可能会有疑问,这种测试似乎不需要构建整个系统就可以完成。

而DER总是希望基于需求的测试和结构覆盖分析尽量通过系统级别测试完成,将所有代码插桩、编译、集成,而后运行所开发的测试用例,这种理想情况在现实中并不常见。最常见的情况是进行软件部件的集成,将所有功能集成在一起,使用模拟器进行测试,最终软硬件集成测试一定要在目标机平台中执行,使用基于目标机的高级别测试,会获取更大的益处。

9) 软件功能需求测试

大多数功能需求应在系统层级测试,这种层级的测试将产生更高的覆盖率及更接近真实情况的测试结果。如果能将整个系统一起插桩、综合并测试,那么将成为最理想的测试场景。当然,这种场景即便提前策划实现起来也比较困难。如果目标机处理器执行足够快,何乐而不为,那么大可一试。

(1) 缺点。

在系统层面很难进行低层测试,原因是系统层级通常没有运行所有测试用例所要求的内存和处理器速度,对插桩后代码的执行尤为困难。在实际硬件上不能建立所有测试,因为在系统层级只能通过对外部激励的控制实施测试,所以测试用例有可能不能完全覆盖软件部件。在系统层级,也不可能通过对CPU执行的监控,检查代码执行情况。在系统层级测试可能需要更多的努力,但物超所值,因为测试过程一旦建立,就很容易重复,便于回归测试,并且可能会在产品生命周期内,获得对投入人力和物力的数倍回报。

测试结果需要进行更多分析。如果在系统层级发现了错误,那么错误定位就相对困难。代码的什么地方出错?分析相对困难。系统层级需要工具以确定结构覆盖完成情况。

有个项目,系统有四个DSP和两个PPC处理器,测试时没有将其整合为一个系统进行结构覆盖分析,而是按照处理器依次执行,但对每一个DSP处理器,又不得不将其中的进程单独实施结构覆盖分析,结果是仅仅为结构覆盖分析一项,测试用例不得不重用运行数百次。如果不能在系统层级实现自动化测试,那么就会陷入这种最糟糕的状况中。没有许多可用工具可以在DSP上进行插桩和结构覆盖分析,所以项目不得不自行开发工具。历时三个月,工具终于开发完毕,最终可以获得对每个处理器上每个进程的覆盖率结果,但项目又发现覆盖结果如此众多,又不得不开发工具实现对测试用例、测试结果和覆盖结果的管理。与其这样,不如提早策划,毕竟磨刀不误砍柴工。

如果需求非常详细，则测试也相对明确。如果有四个系统正在开发，那么均可在系统层面进行测试工作，但如果一个系统已经编写了明确的低层需求，那么就可在模拟环境、PC机环境或工作站中进行仿真和模拟测试，最后在进行综合和测试。测试的实施绝非一成不变，应根据项目具体情况灵活机动。

（2）策略。

验证计划中应精确阐述验证测试策略。如果准备在每个级别都进行测试，则应进行详述，说明在不同级别进行测试的原因，如项目需要进行低层测试可能是因为要进行算法故障检查。总之，DO－178标准要求的测试代价绝非零头琐碎，将花费40%～50%的研发成本。如果能将测试成本降低至项目成本的25%以下，那就是世界级的测试水平了。

（3）分析。

如果测试内容含混不清，则测试结果难以唯一。测试要求的分析必须说明分析的具体要求，说明分析的期望、分析的结果。分析应该是可重复的，如果他人也使用了同样的分析方法，那么就应获取同样的结果。

测试策略不在少数，应根据开发类型在多种测试策略中进行选择。如果是一个操作系统，则需要进行大量低层测试；如果是一个飞行管理系统，则应以高层测试为主。

项目验证不存在唯一的完美方法，验证的关键是选择适用于项目实际情况的正确的、确定的、一致的，并且满足DO－178标准要求的方法。一旦选定，就应录入软件验证计划，并坚持实施，不为外力所动。

译者注：

1. 委任工程代表(DER)当然可以作为工程人员。
2. 参见DO－178标准11.20节第d条。
3. MIL－STD－498的中文对照版本为GJB 2786A—2009及GJB 438B。

24 项目团队和能力成熟度模型集成

DO-178标准所要求的生命周期过程为什么花费如此之多的时间？是否存在通幽捷径？什么是适合的项目软件组织架构？这些问题均涉及本章的主题项目管理。一般来说，DO-178标准项目需要四类人员：开发人员、验证人员（进行验证以确保开发人员正确地进行开发活动、验证产品的正确性）、QA人员（确定一切是否明确定义，是否符合标准要求）以及DER。各类人员各司其职，确保项目有序推进。

1）项目团队

> 一个DO-178标准项目最少需要多少人参与？
> 最佳人数是多少？
> 团队如何组织？
> 配置管理是否需要一个单独的人选？

软件配置管理是否一定需要独立人员承担？对于一个较为庞大的项目，如项目成员超过30人，虽然软件配置管理是全员工作，依靠全员对配置管理要求的遵守，但是DER还是建议设立独立的配置管理人员。目前，尽管配置管理工具的功能都相当复杂、强大，但仍需要人工活动保证纳入配置管理的文档及代码的正确性，保证不发生未授权的变更。此外，软件基线也需要配置管理人员构建及控制。

配置管理工作包括四个方面：问题报告、变更控制、状态纪实和版本标识。如上所述，对于一个大型的项目（指人员规模在30人以上的项目）需要指定专职的配置管理人员，即便对于一个5～7人的项目团队，也需要不断的编译、构建系统，对此指定专人承担每次的重新编译与系统构建也是必要的，这样可以避免因对代码的随意修改而导致的编译错误。对项目而言，虽然专职配置管理人员属开发以外人员，但也是十分必要的。

一个典型的中型至大型项目团队应如何组织？图24－1为典型的项目团队组织结构。值得一提的是，DO－178标准并未涉及项目团队、预算或进度，这些具体要求由项目视情而定。

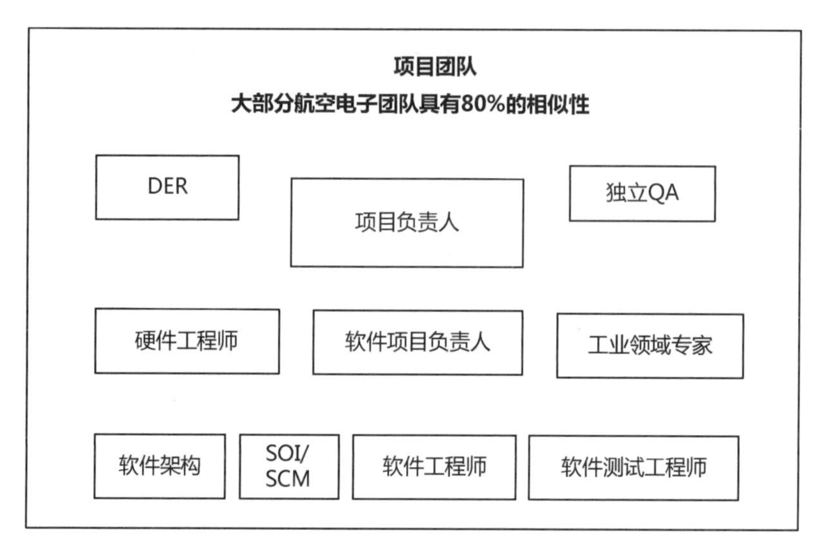

图24－1　项目团队组织结构

SOI：介入阶段（stage of involvement）；SCM：软件配置管理（software configuration management）。

2）能力成熟度模型集成

对于项目管理，不得不提及能力成熟度模型集成（CMMI），它由卡内基·梅隆大学软件工程研究所（SEI）开发。其负责人Watts S. Humphrey博士在20世纪80年代被DoD召回，要求提供大型软件供应商研发能力评估的解决方案，DoD一般在国防合同中仅明确对系统的要求，而不涉及如何实现这些要求及如何保证系统正常工作。他们需要解决如何寻求有一定研制能力的公司，以确保由其开发的系统正常工作。

卡内基·梅隆大学SEI

提出了一种评估和定级软件组织的方法：CMM。

（CMM与该大学的首字母并不完全相同）

为什么选择使用这个首字母缩略词呢？

Watts S. Humphrey 博士所带领的团队，通过对评估和定级软件组织的方法的深入研究，最终得出了能力成熟度模型(首字母缩略语"CMM"是其附属机构的一种隐含确认，如卡内基梅隆模型)。

SEI 的研究结果

软件是一种创造性活动，属于一种过程驱动活动。

好的组织能够产出更好的软件。

软件组织具有许多目标标准。

可以对组织成熟度进行评估和定级。

SEI 通过研究发现，软件开发是一种创造性活动，由过程驱动，软件工程师在过程中预测和控制该创造性活动。

什么样的团队才是一个良好的团队？CMM 试图通过专用术语对其定量描述。Watts S. Humphrey 博士对开发团队进行了定量评估，认为团队的能力成熟度与软件质量相关。关于软件质量可谓仁者见仁、智者见智，DoD 对软件质量的定义就是软件可以正常工作，软件开发符合预算和时间进度要求。这当然也是 DO-178 标准和 FAA 试图实现的目标。

3) 成熟度等级

SEI 定义了 CMM

将软件组织定级为 1～5 级(5 级是最高级)

演进的：一次升一级

就像你成长一样，不能跳级

SEI CMM 将软件团队研制能力分为五个成熟度等级(1～5 级)，如图 24-2 所示；5 级是最高级，1 级是最低级。

通常项目团队能力的初始能力是 1 级，其活动是随机和无序的。如果团队中的成员能够遵循已制订的计划，则团队能力就上升到 2 级。2 级会对项目活动进行评估，项目过程已经有了可重复性。在 3 级，项目是可控的，具有可重复性。当项目团队进行持续过程改进和度量后，会继续升级为 4 和 5 级。

3 级不仅仅是具有可重复性和条理性，而且必须是前后连贯的，是可控的。4 级在 3 级的基础上更多体现的是可预见性。

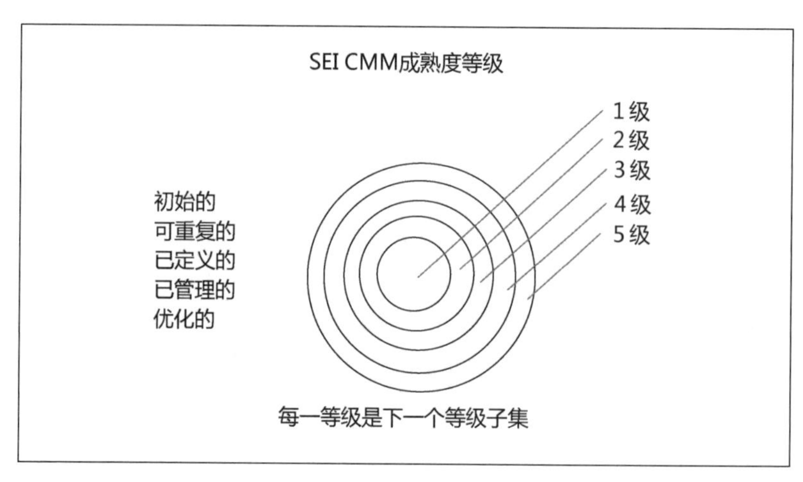

图24-2　SEI CMM成熟度等级

优化(持续改进)。优化的含义是项目团队正在通力合作，使某件事情更进一步。在SEI CMM中，确保每个人都正在遵循过程标准。对于团队所进行的改进和优化，需要专人进行检查。5级要求团队有一个QA组织，1级定义了最低级的过程，对QA不做独立性要求。

(1) SEI CMM 1级。

SEI CMM 1级(见图24-3)的团队通常是一个初级商业开发团队，团队中的编写代码人员可能同时进行代码验证和配置管理工作(有时将这种情况称之为编码"绿化")，团队的项目与项目之间几乎没有一致性。在项目开发过程中可能存在许多薄弱环节，但整个项目团队无法知晓，整个团队是在非常随机的状态下开展项目研发工作，项目的成功可能只是依靠团队中的个别精英分子。

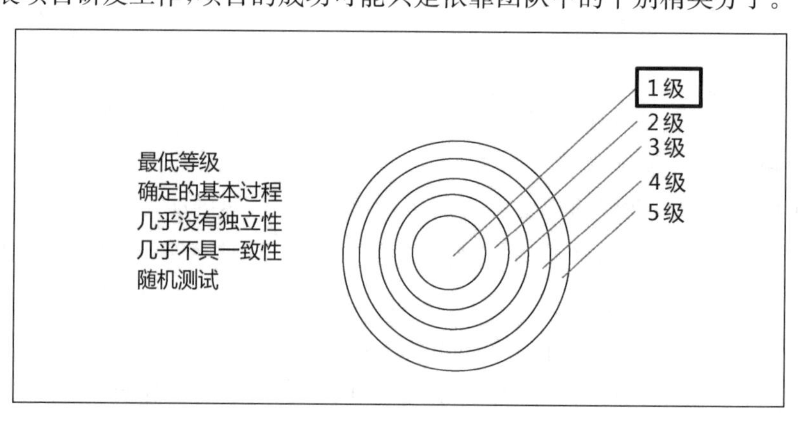

图24-3　SEI CMM 1级

(2) SEI CMM 2 级。

SEI CMM 2 级(见图 24-4)团队已具有标准定义的软件开发过程,但团队不一定严格遵循该过程。

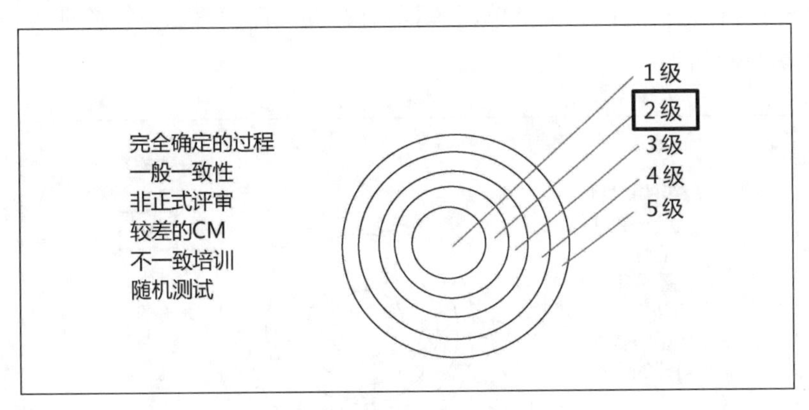

图 24-4 SEI CMM 2 级

通常不同项目之间存在一定程度的一致性,以确保所有人使用同一种程序和过程。2 级项目会有非正式评审、非正式分析和非正式的方法。实施结果往往非人所愿,如虽然项目团队会执行评审,但对评审的结果会说:"我们对该文件进行了评审,全员出席,我们认为文档写得不错[1]。"这当然是一个不够完善的过程,但在低成熟度等级项目团队中十分普遍。通常,二级项目团队已具有了一个基本配置管理系统和一些适用的已定义过程及检查单,开发人员通过配置管理系统检入、检出代码,维护变更,然而无人检查这些变更是否合适。一段时间后,当再次检查配置管理系统时,会发现开发数据丢失过半,正确的版本遗失,因为软件构建记录丢失,编译所产生的可执行代码可能与前期不一致。项目可能会执行一些配置管理和质量保证活动,但并不能保证实施的一致。

不一致的培训。良好的培训非常重要,作为 2 级的团队,测试通常是随机进行的,团队人员首先进行一些调试,然后创建一个系统,再将该系统移交给他人进行确认,或进行一些基本的以用户为中心的测试。PC 中运行的大部分软件都是以这种方式开发出来的,但这种团队工作方式是非正规的,并不是真正可控的。

(3) SEI CMM 3 级。

SEI CMM 3 级(见图 24-5)团队项目与项目之间具有完全一致性,不同的项目使用的是同样的过程和方法，团队强调独立性，测试人员从始至终独立测试所有代码，团队中的QA人员会督促使用一致性标准和检查单对大部分主要产品进行评审（开发人员不会同时作为评审人员评审自己的工作产品）。3级资质软件公司会有完整的评审检查单，公司会对开发人员、管理人员、验证人员以及QA人员进行培训。

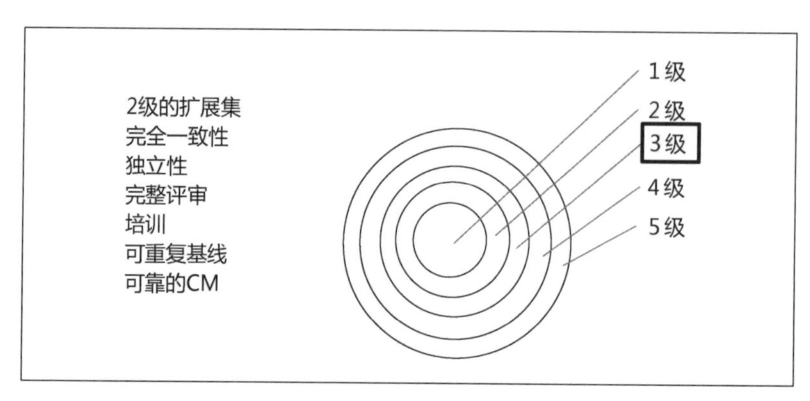

图24-5 SEI CMM 3级

可重复实现的基线，具有较好的配置管理。3级团队可通过其配置管理重复构建出一年前的项目代码，并且能找到代码和软件生命周期相关的所有文件，通过配置管理可追溯找到所有信息。

(4) SEI CMM 4级。

SEI CMM 4级（见图24-6）团队增加了项目活动持续的反馈、改进和度量过程。4级团队会对项目管理、追溯性、软件质量、进行持续的检查和改进；通过对项目的进度、成本的投入进行度量和预测来确定需求和时间成本。

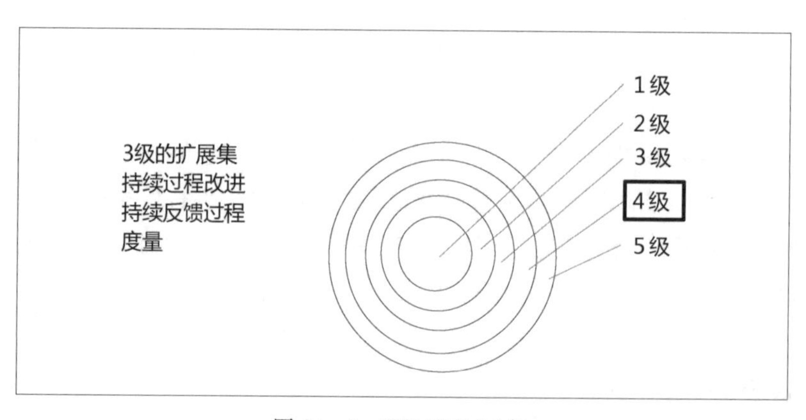

图24-6 SEI CMM 4级

(5) SEI CMM 5级。

SEI CMM 5级(见图 24-7)团队是一个近乎完美的团队,从过程的角度来看,在每个阶段都会有转段标准的多级评审,完整成熟的项目管理模式。5级团队通过对项目成员完整的项目管理培训,项目成员对项目推进过程中的问题都能够有效管控。5级近乎完美,但需要昂贵的成本来支撑,一些软件供应商说他们已经通过了5级认证,可能仅是市场运作。如果一个公司被评为5级,那么该公司一定是通过多年项目实践,在CMM 5级要求的基础上已形成了一套适用于其项目团队实际情况的实效过程。

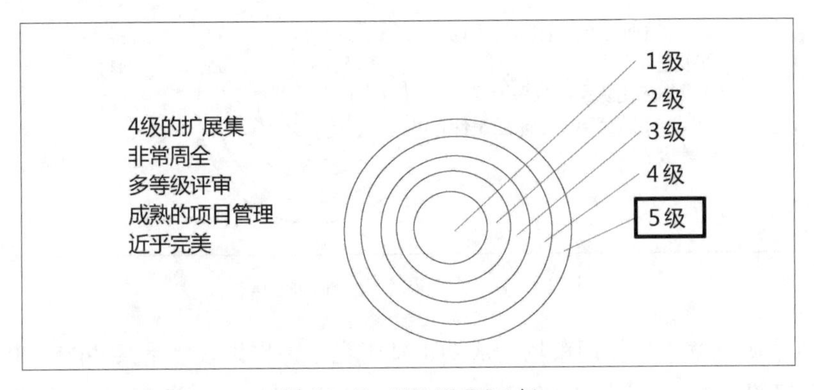

图 24-7 SEI CMM 5级

以上是有关成熟度1~5级的概述。

多数人更关心的问题是航空电子开发团队应具备几级能力?DO-178标准是否要求CMM或现在的CMMI?首先,DO-178和DO-254标准并未规定软件开发的具体方法,更没有提及CMM/CMMI,但DO-178标准与CMM/CMMI实际有一定关联性。航空电子开发人员需要遵循过程标准规范开发活动,同时,项目主要人员(QA、DER和FAA)需要确保过程是充分的,并不断实施过程改进。其次,对"航空电子开发团队应具备几级能力?"的回答是3级(明确确定和自始至终遵循过程)。为什么不是4级或5级呢?对于航空电子项目开发而言,软件过程需要相对稳定,软件过程从项目实施之日起就要确保能够满足DO-178标准目标的要求,仅此而已。如果在项目开发过程中再持续改进,改进工作不断重复,那么这无疑给项目进度控制带来了风险。

一个航空电子团队(见图 24-8)应具备3级能力,但是否一定需要具备3级能力?DO-178标准强调可靠的配置管理、开发和验证独立性、严格的评审。对于一个相对稳定的3级团队,可能已经满足了DO-178标准所要求目标的

70%～80%，而通过对世界上一百多个航空电子公司进行的调查，目前航电企业的平均水平是2级。是否2级就意味着不好？当然也不是，目前大部分服役飞机的机载软件都是由2级研发团队开发的，而且这些飞机都能够完美的完成飞行任务。2级团队只要投入更多的力量就能实现DO－178标准的要求，但坦白地讲，2级团队效率较低，在项目预算、进度控制、软件后期认证等方面仍存在一些风险。

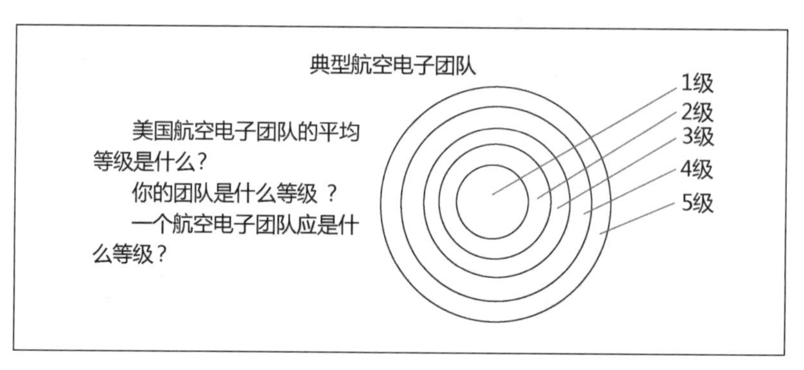

图24－8　典型航空电子研发团队

机遇源自竞争！长期市场的成功也基于竞争。也许3级是某些航空电子软件研发团队的目标，也许需要再增加一些4级的要求（培训证据、质量度量等）。这些都取决于市场竞争的要求。

译者注：

1. 这是一种十分主观的评价，对文档的好和坏没有明确的定义，评审应当参照检查单，对文档的内容进行检查，并进行量化评估。

25　软件合格审定计划

软件合格审定计划(PSAC)是一份非常重要的文档。它名为计划,实质是合格审定策略和审定过程的具体体现。PSAC 中无须包含太多细节,细节太多会转移对关键问题的关注,PSAC 必须由 DER 和 FAA 评审、批准。

对 PSAC 的重大修改必须重新提交批准,但如果改动很小,则应视情而定。这也就是审定时需提供软件完成总结的原因,在软件完成总结中需记录实现与计划之间的偏离,对于 PSAC 的修改,即便是很小的改动也要通知 DER 和 FAA,并听从他们的处理建议,如"此变更没有问题,可以记录到软件完成总结里"。但对于涉及合格审定方法的任何变动,如涉及工具鉴定、冗余、关键等级的变动,即便这些变动不是很显著,也需要重新发布 PSAC。对于重大的变动则必须修改 PSAC,如 PSAC 将软件关键等级定义为 C 级,而 FAA 或者安全性分析过程要求软件关键等级必须为 B 级,那就需要修改 PSAC 以反映这些要求,并对相关的文档进行同步的修订。

1) 软件合格审定计划(PSAC)的目标

软件合格审定所需的最小生命周期数据集合必须提交给审定机构,包括:

(1) 软件合格审定计划(PSAC):一份至关重要的文件。

(2) 软件配置索引(SCI)。

(3) 软件完成总结(SAS)。

PSAC 是确定所建议的软件生命周期是否与所开发软件关键等级相一致的首要手段。

为达到合格审定基础要求,PSAC 保持项目完整性、一致性与符合性之间的联系。

提交给飞机合格审定办公室(air craft certification office, ACO)的最小生

命周期数据集合包括PSAC、SCI和SAS，其中PSAC和SAS的关系如图25－1所示。PSAC通常由FAA批准，有些FAA办公室也将审批权委托给DER，但至少FAA希望看到这三份文件。当然，这并不意味着FAA或DER不要求其他文件，事实上他们有权利到开发现场审查每一份数据或文档，他们是否这样做取决于系统的关键等级、项目的特征、所使用的工具和项目所遵循的过程。此外，最重要的是取决于合格审定申请人对DO－178标准过程的经历，取决于合格审定申请人曾经承担过多少合格审定项目。如果合格审定申请人对DO－178标准过程要求并不熟悉并且软件关键等级较高，那么必然会引起FAA或DER的高度关注。

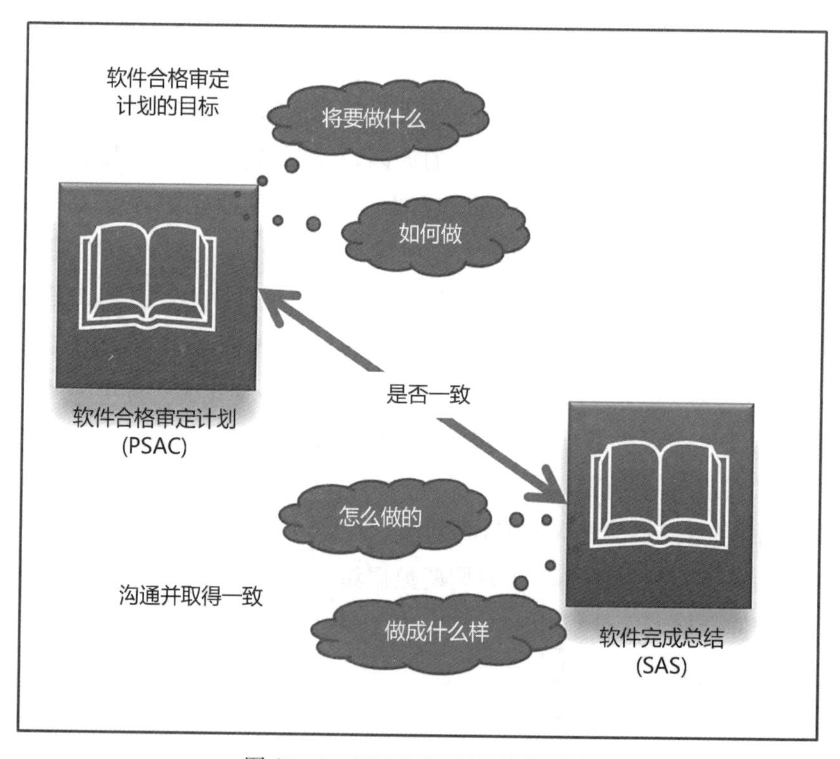

图25－1 PSAC和SAS的关系图

PSAC是确认生命周期数据及过程是否符合DO－178标准的重要手段，也是合格审定申请人与FAA或DER之间达成一致的协定，通过PSAC在合格审定申请人与FAA或DER之间建立了合格审定工作的基线。

有关PSAC的工作应尽早开展，典型的工作方式是首先由合格审定申请人提出一项申请方案，如一项补充型号合格审定方案，合格审定申请人首先向

FAA 提交申请并获得项目编号。其次,合格审定申请人需制订整个项目的合格审定计划,该计划与软硬件均无关,用于定义项目的合格审定方法、需要的技术标准规定(TSO)及适用的联邦航空条例(federal aviation regulation, FAR)。项目的合格审定计划需要索引 PSAC 和 PHAC。最后,合格审定申请人需针对软件的符合性制订 PSAC。为满足合格审定的基础,PSAC 在完整性、一致性与合格审定要求之间达成一致,所以这是一份表明待审定的软件和即将采取审定方法符合 DO-178 标准要求的"契约"。

2) 软件合格审定计划(PSAC)的内容

根据 DO-178 标准 11.1 节,PSAC 的内容包含:

(1) 系统概述:描述系统功能;软硬件分配、系统架构、处理器、软硬件接口及安全特性。

(2) 软件概述:介绍软件功能;分区、冗余、资源共享、多版本非相似软件(multiple version dissimilar software, MVDS)、容错、时间和调度。

(3) 合格审定考虑:审定基础、拟采用的符合性方法、保证等级及其说明、软件可能引发的失效。

(4) 软件生命周期:总结每个生命周期(需求、设计、代码、验证、SQA、SCM),如何满足每个软件生命周期的目标、组织结构、组织责任、系统责任、审定联络责任。

一直以来不断有人询问,对 PSAC 的格式或目录内容 FAA 是否有统一的要求?回答是否定的,合格审定申请人可自行决定,但无论如何 FAA 期望在 PSAC 中看到的内容却几乎成为标准,DO-178 标准 11.1 节规定了 FAA 要求的最小集合。当然,一切取决于与 FAA 和 DER 沟通的结果,如果通过历史项目已经与 FAA 或 DER 就 PSAC 的格式与内容形成某种默契,那么只需因循守旧,照此办理。

配置索引和项目完成后,需完成 SAS。SAS 一方面包含对软件生命周期的前期策划,另一方面要说明软件的实际完成情况。软件完成总结应按照 PSAC 要求的模板格式编写。

对 SAS,一些公司的做法是将 PSAC 更名为 SAS,并将其中的"将要做"变成了"已完成"。这样做大可不必,因为计划的所有事未必全部完成,或者至少可能存在微小的偏差。SAS 必须包含对在软件合格审定时项目尚存在问题的附加说明及相关数据,虽然这些问题的具体内容可保留在 SCI 之中,但必须在 SAS 中予以说明,如软件开发期间修改了那些问题?增加了什么功能?策划的所有工作是否完成？SAS不需要太多的细节，只是对完成情况的总结。

DO－178标准11.1节明确了对PSAC的要求，作为最低要求，PSAC需要描述系统功能、系统架构、处理器、软硬件之间的接口及所包含的系统安全特性，需要概述软件。如果系统中存在容错、分区或者冗余，那么系统中可能使用“非相似”架构。

很多人询问“非相似”究竟是什么？典型案例是20世纪90年代的一个飞行控制系统软件项目，FAA认为该软件应是一个1级软件（当时适用标准为DO－178A标准，将软件分为1、2、3三个安全等级。1级相当于DO－178标准的A级），合格审定申请人通过与FAA沟通，提出一套保证系统关键等级为1级而软件关键等级为2级或更低的方法。这种方法是如何实施的呢？首先，对于飞行控制系统安全的考虑，决定系统为一个三余度系统，即三个同样的LRU执行同样的操作，但FAA认为这样的方案并不充分。因为即便有三个同样的LRU，但三个LRU上运行的软件完全一致，它们会以同样的方式发生故障，所以必须采取其他措施。

项目对此方案进行了改进，将每一个LRU分为控制单元和监控单元，控制单元处理控制命令，监控单元检查控制单元的输出及整个LRU硬件的工作情况。FAA认为这样的方案仍然不充分，三个LRU仍然存在同时失效的情况。

再次的改进将控制单元以ADA语言编写，监控单元以C语言编写，三个LRU在将计算结果相互比较之前，先将控制单元的输出与监控单元的输入进行内部比较。对此方案，FAA认为依然不够充分，即便将控制单元使用一种语言编写，监控单元使用另一种语言编写，在一个系统关键等级为1级的系统中，将其中的软件关键等级降级为2级或更低，需要再增加一些设计考虑。

FAA要求的更多的设计考虑究竟是什么呢？同样的LRU、同样的处理器及同样使用C语言和Ada语言两种不同的编译器，这是项目的共性。FAA要求不同的LRU使用不同的方法实现同一功能，所以最终的方案是：为了降低软件的关键等级，不但要实现三余度的系统，而且在系统的每个LRU中软件使用不同的实现方法。这种要求过于偏激，造成开发中的许多问题，最终结果是FAA不再强制要求每个LRU中软件使用不同的方法实现。这架飞机自服役后至今相当成功，然而航电供应商在开发时却损失了大量资金。

根据DO－178标准11.1节，PSAC的内容也应包含：

（1）软件生命周期数据：产生和受控的数据、数据之间关系，标识提交的数据、数据结构形式和提交方式。

(2) 进度计划：提供给审定机构的项目策划。

(3) 其他考虑：可能影响审定过程的其他考虑。

a. 符合性替代方法。

b. 工具鉴定。

c. 先前开发软件(PDS)。

d. 选装软件。

e. 用户可修改软件。

f. COTS。

g. 外场可加载软件。

h. 多版本非相似软件。

i. 产品服务历史。

考虑合格审定与由系统安全性分析所确定的关键等级和研制保证等级之间的关系。PSAC中的“软件生命周期数据”一节，应总结软件生命周期活动所产生的数据及这些数据之间的相互关系，应包含对合格审定联络工作的说明。“进度计划”一节应包含项目顶层的策划。此外，即便项目中没有使用先前开发软件，也应在“其他考虑”一节列出副标题，并注明项目未使用任何先前开发软件，这样做表明合格审定申请人已经对此予以考虑，FAA或DER就不会再对此质疑。所以，对“其他考虑”列出的相关内容，即便在项目中没有应用，也应列出副标题并做出说明。这样表明合格审定申请人对合格审定涉及的关键问题都已经予以通盘考虑，而不是遮遮掩掩、欲盖弥彰。

在项目初期要进行一系列的策划，包括通过系统架构确定的各子系统功能，包括详细的进度计划、详细的工具和构件说明等，对这些策划，每一项都要进行全面的考虑，并通过有效、多方、严密的讨论确定下来。很多合格审定申请人希望将这些策划的细节都包含于软件合格审定计划之中。这样做大可不必，因为PSAC不应成为项目实施细节的“垃圾桶”，PSAC是一份面向合格审定的专用文档，只需索引其他计划，而不是一应俱全、包打天下，所以PSAC要简洁精炼，一般需25～40页。当然，太简单也会有问题，如果小于15页，那么项目就可能要面临对如何实施的质询。

3) 如何避免PSAC的误区

PSAC的注意事项如下：

(1) 在没有就PSAC达成一致的情况下进行开发，可能导致费用非常昂贵：尽早编写、提交PSAC、获得书面批准，使FAA/DER尽早参与。

（2）避免必要内容的缺失：使用完整和清晰的检查单，使FAA/DER尽早参与。

（3）避免不完整或不明确：使用恰当的检查单，使FAA/DER尽早参与。

（4）避免对PSAC的随意修改：PSAC是受控、提交批准的动态文件。

（5）避免PSAC与SAS的不匹配：PSAC是动态文件，在FAA/DER的参与下持续修订并提交批准。

（6）避免研制保证等级未在PSAC中明确（等级过高或过低可能造成经济损失）：FHA、SSA、PSSA和系统安全性过程在PSAC批准之前完成。

在项目开始而不是结束时提交PSAC，通过尽早和经常的沟通避免误区。

研制保证等级不是在PSAC中确定的，不要试图在PSAC加入FHA等系统安全性分析的内容。FHA、PSSA、SSA等系统安全性活动应在系统开发早期伴随系统安全性评估过程进行，并由此确定系统架构。

不要在系统关键等级确定以前提交PSAC，而一旦系统关键等级得以确定，则应尽早将PSAC提交批准。PSAC不应包罗万象、一应俱全，而应包含对系统架构、软件关键等级、配置管理、质量保证、开发及验证等策划的索引。项目早期应尽早完成并提交PSAC至FAA/DER批准，其后要避免对PSAC的随意修改。软件的开发应按照已批准的PSAC开展，超出PSAC范围的开发活动会使项目面临风险。PSAC不必与SAS完全一致，项目开发期间可能会出现与计划细小的偏离。PSAC是一个动态的文件，在SAS中需说明未能完全遵循PSAC的原因，以及在合格审定时尚存在的未完全解决的问题。需要再次强调的是，让FAA和DER尽早参与并了解项目，对项目合格审定非常重要。

再来说说PSAC的误区以及如何避免。PSAC非常重要，因为它是FAA对合格审定申请人对DO－178标准过程掌握程度的第一印象，如果合格审定申请人总是在向FAA征求意见，那么就说明其对合格审定非常生疏，这样至少对合格审定申请人是不利的。不要遗漏任何事情，对提交批准的PSAC不应存在错误，应尽早与FAA或DER取得一致。在PSAC内应包含对PSAC内容的核查单，对照检查单逐项检查，确保内容无一遗失，同时尽早将PSAC提交给FAA或DER，以获其批准。

在PSAC中尽量避免任何假设，完成PSAC并准确表明项目将如何实施，清晰地说明项目策划的所有活动。例如,如果项目计划执行工具鉴定,则需明确工具的名称和用途,不要在 PSAC 中的工具鉴定部分仅仅陈述"项目将使用一些工具,并将在后期提供工具鉴定证明"。FAA 或 DER 将会质疑导致到底是什么工具?什么时间做鉴定?所以,需要在 PSAC 中明确工具的名称、是开发工具还是验证工具及工具鉴定的方法,但无须注明工具的确切版本。工具鉴定的具体策划及开展可后续在其他文件中描述。对 PSAC 其他部分的要求也都如此,大同小异。

26 工具鉴定

虽然DO－178和DO－254标准在工具鉴定方面有很多相似之处，但是二者还是有所差别，主要体现在工具鉴定的流程不同。在工具鉴定方面，有开发工具和验证工具两种类型的工具需要鉴定。验证工具不会在产品中注入错误，充其量只会未能侦测到所存在的错误，所以验证工具鉴定相对容易。而对于开发工具，如果没有正确的使用，那么可能会在产品中注入错误。

工具鉴定的目的，是因为工具用于自动化、替代或优化了DO－178和DO－254标准中所要求的人工活动。验证工具用于正确性验证过程，通常包括：测试用例生成工具、测试执行环境、测试通过/不通过判定工具、仿真/激励工具、总线接口/捕获工具等。常用的开发工具包括代码生成器、建模工具、编译器等。工具鉴定需要明确两个问题：第一，被鉴定工具是验证工具还是开发工具？第二，该工具是否需要鉴定？

工具鉴定首先需要确定一个工具是否自动化、替代或优化了DO－178和DO－254标准所要求的人工活动。如果以上提及的工具均满足这一准则，那么真正的问题是是否需要对所有的工具进行鉴定？在实际项目实践中经常会看到，需要鉴定的工具没有被鉴定，而不需要鉴定的工具却花费不菲，徒劳无功。

判定一个工具是否需要进行鉴定，有三个问题必须要回答。对这三个问题的回答是“并且”的关系，只有当三个问题都回答“是”时，才需要工具鉴定；而任意问题回答是“否”，则不需要工具鉴定。

1）工具鉴定类型

工具鉴定有两种类型的工具：

（1）验证工具：不会引入错误，但可能无法侦测错误。

（2）开发工具：输出是机载软件的一部分，因此会引入错误。

是否需要工具鉴定必须要回答的三个问题：

（1）该工具是否有可能在产品中引入软件缺陷或导致无法侦测到软件

缺陷?

(2) 是否会取消对工具输出结果的验证(即按照 DO-178 标准第 6 章要求实施验证)?

(3) 是否取消、减少或自动化 DO-178 标准的过程要求?

> 如果上述三个回答都是“是”,则必须实施工具鉴定。

第一个问题:“该工具是否有可能在产品中引入软件缺陷或导致无法侦测到软件缺陷?”如果回答是“是”,则进入到第二个问题。这个问题通常会得到“否”回答,这个回答也是许多工具,如编译器类工具不需要工具鉴定的原因。

编译器的使用是个实例,按照 DO-178 标准第 6 章的要求,考察编译器的使用。编译器是否可能在代码中引入错误?毋庸置疑,当然可能,一个有缺陷的编译器很可能在代码中引入错误,所以对第一个问题的回答是“是”。然而,第二个问题:是否会取消对编译器输出结果的验证?软件验证需要针对目标码实施测试,因此回答是“否”。既然不会跳过对目标码的验证,对第二个问题的回答是“否”,所以不需要鉴定编译器。

配置管理工具的使用是另一个实例,配置管理工具提供版本控制功能。当项目配置管理项入库受控时,工具的缺陷是否会在受控的源代码中引入错误?当然可能,但按照 DO-178 标准要求需要实施代码评审。代码评审的首要检查项就是检查版本、变更记录和变更内容,这些活动实际上验证了配置管理。因此,如同编译器的一样,配置管理工具也无须进行鉴定。

通常需要鉴定的工具大部分为验证工具,特别是涉及结构覆盖的工具,如信号发生器和代码结构覆盖分析工具等。信号发生器通过对端口信号的控制实现对输入组合的覆盖,代码结构覆盖分析工具通过插桩分析测试用例对代码的覆盖。这些工具通过插桩技术改变代码,插桩代码可看作验证工具的一部分,所以需要对插桩和结构覆盖分析功能实施工具鉴定。这类工具当然是验证工具,本身不会在最终的产品中引入错误,因为没有人会在飞机中安装插桩后的软件。

2) 工具鉴定所需数据

开发工具所需数据包括如下方面:

(1) 系统 PSAC。

(2) 工具鉴定计划。

(3) 工具操作需求。

(4) 工具完成总结。

(5) 系统SAS。

验证工具所需数据包括如下方面：

(1) 系统PSAC。

(2) 工具操作需求。

(3) 系统SAS。

支持工具鉴定需要提交什么数据？首先需要工具应用对象的PSAC；其次，对开发工具还需要制订工具鉴定计划。如对一个模型开发专用的代码生成器，如果不准备实施模型评审，或不准备按照DO－178标准第6章的要求对自动生成代码实施验证，那么就需要工具鉴定计划和工具操作需求，对工具需求、设计、验证的要求等同于使用该工具所开发软件关键等级的要求。

工具的完成总结。在工具操作要求之中应明确开发工具的过程，明确该过程是否遵循正确的CM工具实践？是否有质量保证？是否按照工具应用对象相同的关键等级实施了对工具的验证？是否对工具的源代码实施与所应用对象关键等级相同的结构覆盖分析？是否在项目PSAC中涵盖了工具鉴定。单就内容而言，工具操作要求比软件需求要简单，在工具的完成总结中需陈述工具开发如何完成。

3）工具操作需求

开发工具操作需求包括如下方面：

(1) 工具功能和操作环境。

(2) 操作和安装信息。

(3) 工具开发过程。

(4) 工具验证及结构覆盖分析。

(5) 错误状态响应。

验证工具操作需求包括如下方面：

(1) 用于所使用组件的功能和操作环境。

(2) 操作和安装信息。

(3) 所使用组件的功能测试。

开发工具的工具操作需求必须包含两个过程：工具验证和工具本身的结构覆盖分析，其中应包含工具对错误状态的响应，即将错误注入工具后工具的反应。对于验证工具，只需明确要使用该工具什么功能，因为工具也许可以执行许多功能，但当前项目实际上可能只使用其中部分功能，所以通过测试表明所使用功能的正确。

DO-254 标准中工具鉴定的整个过程与 DO-178 标准中的略有不同。DO-254 标准明确要求对于 A、B 或 C 级设计工具或者是 A 和 B 级验证工具，需要进行鉴定活动。与 DO-178 标准不同的是，DO-254 标准同时关注工具的使用历史。所以如果以前在相同环境中使用过该工具，除了参考已经存在的数据之外，在工具开发方面不需要再做其他额外工作，那么接下来就是对验证工具和 A 及 B 级的设计工具进行基本的工具鉴定。由于在 ASIC 和 PLD 开发时需要工具支持，所以设计工具在 DO-254 标准中使用较为普遍。

DO-254 标准工具鉴定决策过程，如图 26-1 所示。鉴定过程确保要与 DER 保持密切的沟通，以避免鉴定不足或重复鉴定。

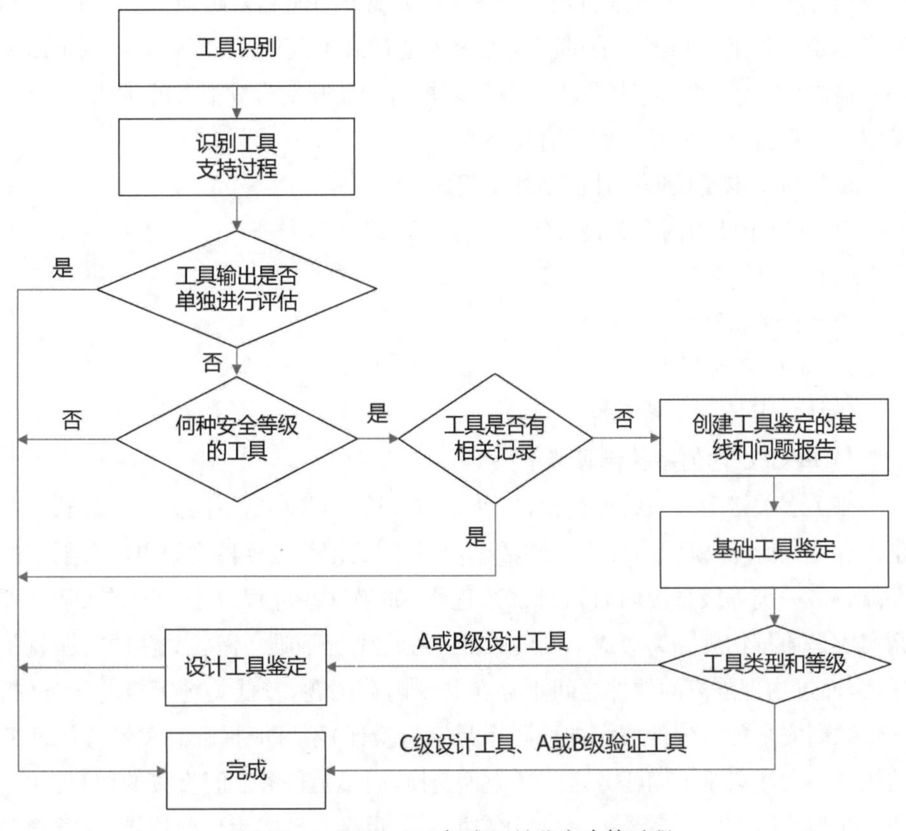

图 26-1 DO-254 标准工具鉴定决策过程

27 软件设计考虑

自20世纪90年代DO-178标准发布至今，航空电子设计技术经历了很大的发展，航空电子系统软硬件越来越复杂，实现的功能越来越强大。与此同时，航空电子设备组件和工具的供应商也极大地扩展了其产品市场，市场竞争压力的日益加剧、产品投放市场周期的急剧缩短给产品开发形成很大的挑战。目前，航空电子设备开发的热点问题有哪些呢?

现代航空电子设备设计面临如下问题:

(1) 单CPU内的多关键等级。

(2) 时间隔离。

(3) 空间隔离。

(4) I/O资源保护。

(5) ARINC 653符合性。

1) 单CPU内的多关键等级

有关多关键等级系统的讨论已为时不短，长时间以来，不同关键等级软件共享内存，对操作系统没有什么特殊考虑，对不同关键等级软件之间也没有隔离的保障。多关键等级系统同时执行多个进程，如果这些进程位于不同的CPU，那么实质是通过物理隔离形成不同的软件。在此情况下唯一需要关注的问题就是通信，通过物理隔离的软件之间不存在共享内存问题，较低关键等级的任务(指并未像高安全关键软件那样进行严格开发与验证)不可能扰乱高关键等级任务的执行。关注点是不同任务之间的数据交换，而不是任务之间直接的相互影响。

在现代航空电子系统中，小型化、功耗低、重量轻已成为一种趋势，这意味着分配至不同LRU，或同一LRU内部不同模块的功能将综合在一起，也意味着具有不同关键等级的不同任务在同一处理器上执行将更具倾向性。在此情况下，系统内存和资源被一个任务侵占，从而导致其他任务无法运行的可能性大大增加。典型地，对于较低关键等级的任务，由于对开发和验证的要求相对宽松，从而存在缺陷和错误，导致侵占所有资源，因此致使高安全关键等级的任务无法运行。

系统的关键等级，等同于构成该系统的所有子系统所具有的最高关键等级。如果一个功能会导致灾难性后果，即便其他功能按照合格审定的要求关键等级较低，那么整个软件也将因为该功能而成为 A 级软件。如果这样，那么为什么不直接将系统中所有子系统和构件按照 A 级开发？原因一目了然，因为成本。有时希望将一个 A 级功能从所有 B 级功能中分离出来，但必须同时考虑是否值得这样做。B 级和 A 级之间的成本相差不大，因此需要认真核查这样做的理由，检查成本到底能节约多少。事实上，对软件实施隔离并非想象那么简单，除非能够证明较低安全等级的系统不会影响到较高安全等级的系统。这必须通过设计、测试和架构予以保障，并向 FAA 提供足够的证据。要做到这一点，最重要的是时间隔离和空间隔离。除此之外，系统中也不允许使用动态内存分配。

2) 时间隔离

时间隔离概述如下：

(1) 时间隔离＝确定性的调度和执行。

(2) 必须提供运行超时检测。

(3) 调度确定。

(4) 所有系统调用应明确调用返回时间：

a. 防止使用无法保证返回的系统调用。

b. 禁止动态数据结构。

c. 仅在系统启动时进行内存分配。

d. 防止使用信号量(阻塞和同步问题)。

良好的系统调度应具备确定性，必须提供运行超时保护，这对时间片划分紧凑的系统尤为重要。不能使用动态分配数据结构，只允许在系统启动时进行内存分配。这就是为什么需要一个带有内存管理单元(MMU)的 CPU 和一个带有内存管理功能的实时操作系统，该操作系统应同时支持时间隔离和空间隔离。为实现此目的，很多开发商在使用绿山公司的 Integrity-178B 标准。

3) 空间隔离和 I/O 资源保护

空间隔离和 I/O 资源保护概述如下：

(1) 空间隔离＝“内存保护”。

（2）利用内置硬件内存管理单元（MMU）强制执行、读、写权限。

（3）保护分区内存不被另一个分区访问。

（4）检测和避免内存冲突。

（5）分区内存分配满足其中系统调用的要求。

（6）禁止递归确保内核堆栈最大可用。

（7）提供I/O资源保护。

由于阻塞和同步问题，因此要防止使用信号量。此要求必须得到保证，否则通过操作系统保证的空间隔离得不到证明。从空间隔离的观点，此要求属于内存保护的一种措施，CPU通过内存管理提供一个方面的保护，而实时操作系统（RTOS）提供另一个方面的保护。通过这种保护，每个分区具有确定的内存区域，分区内的所有处理均在该指定的区域内完成，分区之间的交互通过预先定义的通信协议，而非共享内存。分区内不允许动态分配内存，不能使用递归代码以防出现栈溢出。与此同时，系统应该具有检测系统故障和处理异常的机制。

21世纪前，操作系统还较为罕见，嵌入式软件常常通过轮转调度或至多使用支持调度的内核。在如今的安全关键复杂系统中，如果希望开发一个技术先进、具有发展潜力的项目，该项目包含A或B级软件，且软件的规模超过五千行，甚至一万行，则大多数项目会使用RTOS。RTOS支持任务异步操作及支持代码跨平台的重用。如果软件仅千行规模，除非是因为支持高关键等级应用的原因，否则使用通过认证的商用RTOS没有太大意义。如果软件规模庞大或软件关键等级较高，则需要考虑使用RTOS。问题是自行开发操作系统？修改已有操作系统？还是使用COTS？

RTOS实例研究

RTOS适用于现代航空电子设备的如下情况：

（1）多项异步任务。

（2）可重用性。

（3）通用性跨平台。

（4）源代码规模较大［大于5K代码行（line of code，LOC）］。

（5）高关键等级。

如果符合以上任何一种情况，则建议使用RTOS。

如果都符合，则强制使用RTOS。

4) ARINC 653 符合性

20 世纪 10 年代前，几乎所有的软件都是自行研制。一个典型的具有超过一万行源代码的操作系统，将花费数百万美元的合格审定费用，因为合格审定的每一项要求都必须完成，其中包括对每一行代码的 MC/DC 结构覆盖。时间隔离和空间隔离是其中的重要功能，意味着当任务的执行超出规定的时间边界后，必须采取有效措施，对空间的隔离也是如此。C 语言之中偶尔会出现因空指针导致系统崩溃，空间隔离可有效防止类似事件的发生。

“看门狗”定时器是防止程序跑飞的有效措施，但仅限于系统运行超时或任务挂起。现代处理器，如 Power PC 系列都内置了与操作系统相关联的内存管理系统，用于加强对内存使用的限制。ARINC 653 是操作系统的标准之一，提供了可移植性，应保证应用在符合 ARINC 653 的操作系统之间可移植，但真正实现此功能的项目属于凤毛麟角。

操作系统具有的关键等级应等同于运行于其上的软件的最高关键等级。除非不得以，对于板级支持软件一般从供应商处直接采购，花费为三万至五万美元，大大低于自行开发的花费。

操作系统的供应商面临的问题是：能否提供完整的合格审定数据包？是否需要用户承担操作系统的合格审定工作？对操作系统合格审定所需的文档，是否部分需要用户自行建立？如果这样，那么哪些需要用户建立？是否提供与操作系统配套的板级支持软件？价格如何？是否包含合格审定费用？FAA 是否已经正式批准该版本的 RTOS 和相应的关键等级？操作系统公司针对自己的操作系统产品已经完成了多少认证？

这些都是关键问题，许多操作系统供应商都声明他们的操作系统是经过合格审定的，但实际上没有任何一个操作系统通过合格审定，至多只是作为系统的一个可认证组件，只有系统才进行合格审定。一些供应商闪烁其词，称申请了合格审定，正在等待通过。对这些说法更要小心防范。

现代航空电子设备需要 RTOS 具有什么功能？

(1) 时间和空间隔离。

(2) ARINC 653。

(3) 支持多安全等级。

(4) I/O 安全保护。

(5) 集成主流 BSP。

向商用 RTOS 供应商提出的问题包括：

（1）完整的认证包、所有文件是否可用？

（2）集成的 BSP 是否可用？

（3）FAA 认证是否正式批准？

（4）有多少认证顺利完成？

28　成本估算和度量

尾声将至，相信读者对 DO－178 和 DO－254 标准的理解会有所加深，至少应有行之有效的策略启动实际项目。当然，想要成为一名专家可能还要经过漫漫长路，这就像驾驶一辆汽车，学会开车仅是师傅领进门，漫漫长途修行皆在个人。如果还没有真正在航空电子合格审定项目上摸爬滚打，那么就只能算是刚入门的新兵，毕竟专家意见往往来自大量工程实践基础之上。

最后，想谈谈成本问题。在工程实践中，成本是一个大家普遍关心的问题，对航空电子设备合格审定成本影响最大的因素是效率和验证。低效意味着一次次的迭代而非采取最短路径直达目标，也就是多数航空电子设备项目超出预算50%～100%的原因。验证当然需要花费大量的资金，DO－178 标准预算的35%用于验证活动，验证的“烧钱大户”主要在结构覆盖分析。验证一行代码究竟需要多长时间？一行可能很少，合计在一起却蔚为可观。另外，可以反思一下，成本上升对软件产品究竟能带来什么？如果从以下四个方面进行改进，那么就可以节省 30%～50%成本，它们依次是：准确和详细的需求、准确和全面的评审、最少的代码更改以及高效的测试。在生命周期活动中，产品的一点点提升会导致成本急剧上升。DO－178 标准的成本划分如图 28－1 所示。

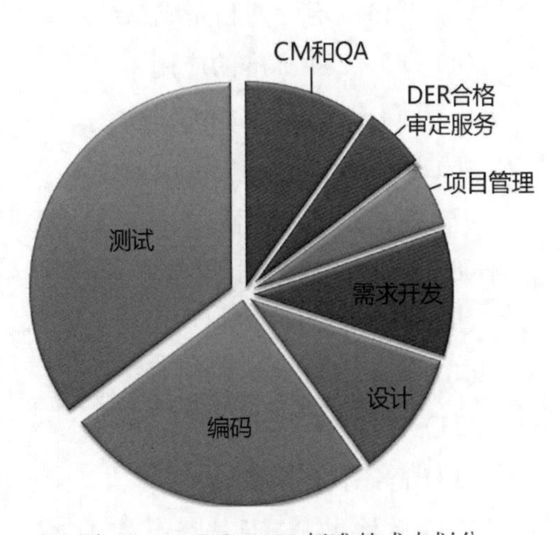

图 28－1　DO－178 标准的成本划分

DO－178 标准各部分成本所占百分比如表 28－1 所示。

表 28-1　DO-178 标准各部分成本所占百分比

成　　本	所占百分比/%
CM和QA	10
DER合格审定服务	5
项目管理	5
需求开发	10
设计	10
编码	25
测试	35

成本驱动的主要因素包括如下方面：

(1) 准确和详细的需求。

(2) 准确和全面的评审。

(3) 最少的代码更改。

(4) 高效的测试。

成本方面要考虑的问题包括如下方面：

(1) 认证与符合性。

(2) 加强现有有效工作计划(5个过程计划)。

(3) 合格审定计划和完成总结。

(4) DO-254标准的应用。

(5) DO-178标准相关活动。

(6) DER支持。

(7) 需求及可追溯性。

(8) 自动化功能测试环境。

(9) 正式的设计方法。

(10) 结构覆盖。

(11) 详细的检查单。

(12) 静态代码分析。

(13) 软件测试工具选择。

(14) 软件工具鉴定。

(15) 实时操作系统考虑。

(16) 板级认证。

(17) 先前开发软件。

(18) 差距分析。

(19) 逆向工程。

(20) DO-178标准质量保证升级(包括审计)。

(21) 图形包/库。

对DO-178标准有一个很普遍的误区就是认为其非常昂贵。的确,在DO-178标准中,即便对D级软件都需要文档、评审和基本的测试过程。此外,CM、QA以及DER联络等活动对D级软件也适用。然而,D级软件的合格审定成本并不会比任何其他非合格审定的商用软件高多少,这是为什么呢?原因是D级的合格审定要求几乎完全等同于正常工业标准的软件工程准则。

另一个误区是DO-178标准中B级软件至A级软件会出现成本显著上升。这与事实不符,其实DO-178标准中由D级至C级之间的成本增加最为明显,原因是以下条款在C级软件中有所要求而D级软件没有。如下所述要求的成本和时间占整个C级软件研发的30%以上。

(1) 测试软件的低层需求。

(2) 确保100%覆盖所有源代码语句。

(3) 更严格的评审。

(4) 在许多情况下,更严格的配置管理。

B级软件要求更多的结构覆盖(判定条件覆盖,要求覆盖源代码中的所有分支)、独立的同行评审和更严格的配置管理。

乍看起来,B级软件认证成本应该更加昂贵,如应该高于C级软件认证成本的50%~70%。从理论上讲,这是有道理的,但事实胜于雄辩,B级软件中(和C级)中肯定有详细的软件低层需求,必须进行全面测试。在基于需求的测试中,源代码中大部分(70%~90%)的分支已经执行,在测试用例获取和测试覆盖工具使用得当的情况下,不需要更多的结构覆盖测试。因此,B级软件相对于C级软件,有关结构覆盖这一看似会显著增加成本之处已经通过基于需求的测试得到减轻。此外,通过现代软件工程对独立评审和配置管理活动进行了半自动化和过程优化,B级软件的合格审定在这些方面成本并没有太大的增加。建议读者在项目前期DO-178标准的培训和过程改进时能充分利用这些降低成本的途径。

"A级软件是最关键的软件,当然应该是最昂贵的"和"A级软件认证非常难以实现，花费至少要比 B 级多 30％～50％”，这也是误区。虽然 A 级增加了更多结构覆盖（MC/DC 测试）、鲁棒性、相关性和更严格的评审等要求，但 A 级软件认证相对于 B 级软件认证最显著的成本因素是 MC/DC 测试要求。通过应用现代结构覆盖工具、完善的人员培训以及基于需求的测试等活动，A 级软件相对于 B 级软件的成本上升因素也会被限制在一个很小的范围内。

DO－178 标准本身不定义严格的要求，而是指南。其中有三个关键过程：计划、开发和正确性验证，这三个关键过程的顺序是计划、正确性验证和开发。关键等级取决于安全性评估，项目必须有两个层级的需求，分别是高层需求和低层需求。需求的可追溯性通过高层需求和低层需求之间双向追溯保证，项目必须有一个用于控制需求、设计、编码和测试活动之间转段的软件计划，并严格遵守该计划。

确定性和一致性是合格审定的重要主题。在项目合格审定中，审计和符合性证据至关重要，“有罪推定”是合格审定的原则。D 级软件对独立性不做要求，C 级软件对部分活动有独立性要求，B 级软件和 A 级软件对独立性则是强制要求。但 DER 总是推荐独立性，即便对 C 级及 D 级软件也是如此。DER 对数据流和控制流最感兴趣，CM 必须防止未经许可的变更，QA 应独立于每个人及活动（尤其是开发），QA 通过审计保证项目活动遵循相关计划的条款。

DO－178B 标准成本随着过程活动执行的变化曲线，如图 28－2 所示。

不同软件等级之间成本效益的差异是什么？软件等级的升高导致了结构覆盖要求的增加，相应的成本也会随着不同软件等级平均增加约 20％～

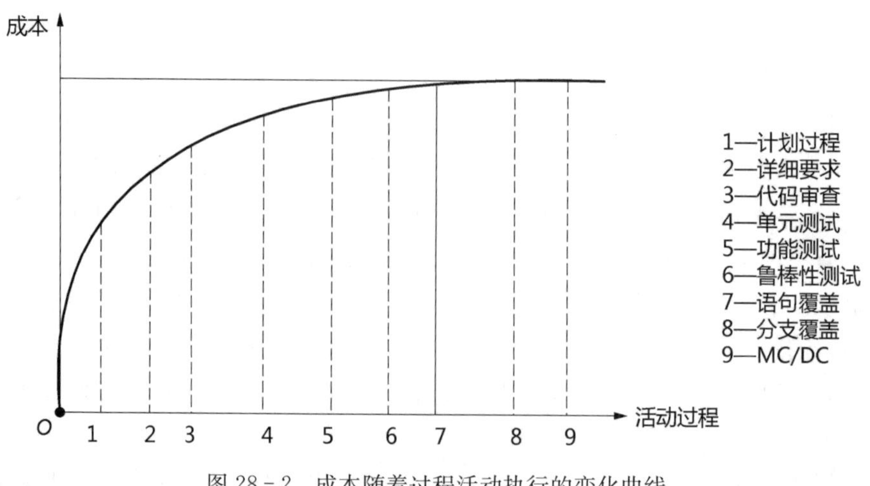

图 28－2　成本随着过程活动执行的变化曲线

40%。D级软件根本不会增加成本,根据行业的平均值,C、B和A级软件会增加60%~80%的成本,软件成本的驱动因素是结构覆盖。总而言之,安全掌控一切!

29 DO－178C 标准及其影响

本章将介绍 DO－178B 和 DO－178C 标准之间的主要差异，描述 DO－178C 标准对行业的影响，同时还将审查 DO－178C 标准与其附件 DO－330、DO－331、DO－332 和 DO－333 标准之间的关系。

1）为什么编制 DO－178C 标准

DO－178 标准的上一次修订是在 1992 年，结果是产生了 RTCA/DO－178B《机载系统和设备合格审定中的软件考虑》，旨在为飞机或发动机中机载系统和设备的软件提供指南和规定。

DO－178C 标准则是对 DO－178B 标准的修订，描述了软件生命周期过程的目标、活动及为实现这些目标的考虑，并描述了如何证明目标得到满足。DO－178 标准致力于为新研机载软件提供系列化的开发方法，这种方法总体而言是一种基于需求的开发和验证方法，包括可满足目标要求的符合性替代方法。本质而言，DO－178 标准并不是一份严格、细致的标准，仅仅是一个用于始终如一开发可证明、高可靠软件的通用框架。航空电子设备和软件的开发人员必须遵从 DO－178 标准提供的指南。

DO－178C 标准解决了 DO－178B 标准的已知问题。例如，DO－178C 标准处理了 DO－178B 标准中的勘误，消除了 DO－178B 标准正文与附录 A 之间的不一致。

在 DO－178C 标准"1.4 如何使用本文档"中增加了特别说明"应使用整个文档，而不仅仅是目标表格"，这是一个非常重要的补充，因为合格审定申请人以前可能没有关注整个文件，而只是侧重于附录 A。

DO－178B 与 DO－178C 标准各等级目标数的对比如表 29－1 所示。

从 DO－178B 标准至 DO－178C 标准的更改可以概括为：

（1）局部更改。删除已知错误和不一致，统一术语，改进措辞，使系统/软件各方面在文中更协调一致，对目标及其合理性提供了更多的解释。

表 29－1　各等级目标数的对比

等　级	目标数/个	
	DO－178B 标准	DO－178C 标准
A 级	66	71
B 级	65	69
C 级	57	62
D 级	28	26
E 级	0	0

（2）重大变革。通过增加技术附件保证 DO－178 标准核心的稳定性，新的工具鉴定指南有助于确保机载软件与工具分离，而工具可能是机载，也可非机载使用。

DO－178B 标准中隐含的目标被显性公开，对涉及的主题增加了陈述，其中包括一些新的目标。弥补了 DO－178B 标准中存在的差距。以前，新技术或创新方法是通过“符合性替代方法”来处理，附件对此进行了补充，DO－178C 标准增加了三个“技术附件”，分别为：

（1）DO－331 标准《基于模型的开发和验证》。

（2）DO－332 标准《面向对象技术及相关方法》。

（3）DO－333 标准《形式化方法》。

这些新附件进一步完善了 DO－178B 和 DO－178A 标准的指南和目标。在保持 DO－178C 标准正文相对稳定的情况下，每一项附件描述了如何针对具体技术而修订 DO－178C 标准的目标，即：

（1）技术具体解释。

（2）对目标的修改。

（3）其他目标。

每项附件提供具体技术的支持信息，以澄清技术的使用。每项附件定义了该附件特定的范围和包含的目标。附件中目标表格的结构与 DO－178C 标准如出一辙，即：

（1）对目标定义的引用。

（2）对活动定义的引用。

（3）使用的研制保证等级（development assurance level，DAL）。

（4）识别输出、表明符合性的文档。

（5）对输出定义的引用。

（6）输出配置控制类的标识。

附件中增加了工具鉴定。由于工具的使用范围远比机载使用更为宽泛，因此工具鉴定附件旨在创建可适用于以下方面的独立指南：

（1）机载软件开发（DO－178 标准）。

（2）地面软件开发（DO－278 标准）。

（3）机载硬件开发（DO－254 标准）——下一步工作。

（4）将来可能出现的任何新指南。

2）DO－178C 标准的更改和影响

以下详细说明 DO－178C 标准的一些更改和影响。

本次修订版中增加了新目标。DO－178B 和 DO－248B 标准在正文中隐含了某些目标而并未列入附录 A 的表格中。DO－178C 标准明确标识了这些目标，并将其包括在本修订中，如下所述。

（1）目标和活动。

DO－178C 标准再次强调，为了充分理解各项建议，应考虑文件的全部正文。例如，附录 A 在修订后包含对每项活动、每项目标的索引，正文 1.4 节　标题为“如何使用本文件”强调了活动是指南的主要内容。

DO－178C 标准的编制解决了 DO－178B 标准中已知的“软件问题列表”，其中包括一些琐碎的文本修订、两个新目标，并确定了两个新的生命周期数据项。此外，DO－178B 标准还存在一些需要澄清的差距和不一致之处，对此没有再增加新的目标，但对某些目标对应的指南段落进行了修订。

（2）与参数数据项文件相关的新目标。

正文附录表 A－5（软件编码和集成过程输出的验证）中增加了新目标 8，要求参数数据项文件正确且完整。

当高层需求中定义参数数据项的使用时，要求：

a. 参数数据项文件是“目标机处理单元直接使用的数据”。

b. 每项数据元素都需要符合需求所定义的结构。

c. 只有高层需求定义的数据应包含在参数数据文件之中。

d. 每项数据元素都有正确的值，并且与其他元素一致。

e. 正文附录表 A－5（软件编码和集成过程输出的验证）中增加了新目标 9。

f. 应实现对参数数据项的验证。

g. 验证应涵盖所有数据元素。

h. 目标 8 要求验证参数数据项文件正确。

i. 目标 9 要求确保验证覆盖了所有的参数数据项元素。

(3) 隐含目标。

DO－178B 标准的一些活动是隐含的，附件表中没有明确定义对应的目标。DO－178C 标准对此进行了显性化处理，举例如下：

a. 对确保目标码追溯至源代码没有定义明确的目标，即“目标码至源代码的可追溯性”，因此在附件表 A－7 中增加了目标 9。

b. 检测不能直接追溯到源代码的附加代码，以及确保其符合测试覆盖率分析的要求(参见表 A－7 的目标 9)。

对此的进一步详细介绍见下文“差距和澄清”部分。

此外还添加了另一个与质量保证有关的目标：

c. 确保制订了软件计划及标准，并通过评审保证其一致(参见表 A－9 目标 1)。

DO－178B 标准中没有明确的目标要求确保开发了计划和标准，并评审其一致性，因此就增加了表 A－9(软件质量保证过程)中的目标 1。这项新目标分别是：

a. 仅适用于 A、B 和 C 级软件。

b. 要求独立性。

c. 旧版目标 1(在 DO－178B 标准中)现在是表中的目标 2。

d. 事实上，表 A－9 已经改变了很多。

e. 目前是 5 个目标(DO－178B 标准中是 3 个目标)。

f. 旧版目标 1(现在的目标 2、3)“过程符合计划和标准”一分为二，一个目标针对计划，另一个目标针对标准。

- 对于计划，适用于 A、B、C 和 D 级软件，要求独立性。
- 对于标准，适用于 A、B 和 C 级软件，要求独立性。

g. 旧版目标 2(现在目标 4)“转段准则得到满足”现在适用 A、B 和 C 级软件，旧版适用于 A 和 B 级软件。

(4) 对验证过程的验证。

增加了一个新的目标，用于验证无法追溯到源代码的附加代码，此新目标分别为：

a. 仅适用于 A 级软件。

b. 要求独立性。

c. 具体要求于 6.4.4.c 节。

d. 活动要求于 6.4.4.2.b 节。

(5) 新的生命周期数据。

DO－178C 标准要求提供新的数据项，并扩展了某些现有数据项的内容。例如，合格审定计划必须描述供应商监督问题，并说明确保供应商过程和产出符合已批准的软件计划和标准的方法。

第 11 章中增加了两个新的生命周期数据项。

a. 参数数据项文件(11.22 节)：用于支持新目标，对所有研制保证等级要求软件配置管理控制类 1 控制。

b. 追溯数据(11.21 节)：隐含于 DO－178B 标准之中，目前已澄清，必须是双向追溯，以及与研制保证等级相对应的软件配置管理控制类。

(6) 追溯数据。

DO－178C 标准提出了与可追溯性相关的数据项，要求实现双向可追溯性。追溯性数据必须表明：

a. 系统至高层需求的追溯性。

- 按照研制等级的要求，实现高层需求至低层需求的追溯性。
- 按照研制等级的要求，实现低层需求至源代码的追溯性。

b. 需求至测试用例的追溯性。

- 按照研制等级的要求，实现高层需求/低层需求至测试用例的追溯性。

c. 测试用例至测试程序的追溯性。

d. 测试程序至测试结果的追溯性。

(7) 差距和澄清。

DO－178C 标准澄清并关闭了在 DO－178B 标准应用过程中产生的一些疑惑。这些疑惑源自近 20 年的工程实践，以及在此期间取得的更好的知识和经验。DO－178C 标准处理了一些特定的问题，对相应的正文段落进行了修改，而这些修改将直接对合格审定申请人产生影响，因为这些更改或者涉及 DO－178B 标准中的明显差距，或者对指南给出不同的解释。

例如，DO－178C 标准“调整”了对 MC/DC 的定义：“一个条件，仅改变该条件来独立影响判定的结果，同时保留其他所有条件不变，或者(新添加的)一个条件，通过改变该条件独立影响判定的结果而保留所有可能影响结果的所有其他可能条件不变。”

对结构覆盖分析有两处澄清，并增加了更多有用的解释。

a. 为实现结构覆盖而增加的任何测试都应基于要求(6.4.4.2.d)：DO－178B标准对此没有显性化的要求。

b. 结构覆盖分析中对数据耦合和控制耦合的分析应通过基于需求的测试结果(6.4.4.2.c)实现：DO－178B标准对此没有显性化要求。

DO－178C标准还澄清了如何处理派生需求，明确要求派生需求反馈至系统过程。系统过程包含系统安全性评估过程，而不仅仅是“适当的过程”。

对DO－178C标准5.2.4节(非激活码设计)内容进行了扩展，以更好地描述设计中包含多种配置的系统或设备。这些配置并非对每一种应用都适用，因此会导致不能够执行的非激活码，包括未选中的功能、库函数，或未使用的数据等。非激活码与死码需不同对待。

对非激活码的活动包括：

a. 设计并实施一种机制，以确保非激活功能或部件不会对激活功能或部件产生任何不利的影响。

b. 在非预期的环境中，非激活码被禁用的证据，由于系统异常条件而导致非激活码运行等同于激活码的非预期执行。

c. 非激活码的开发与激活代码一致，应符合DO－178C标准的目标。

在6.4.4.2节中，详细阐述了目标码及源代码级别的结构覆盖分析要求。DO－178标准原文为：“结构覆盖分析可在源代码、目标码或可执行目标码层面执行，与执行结构覆盖率分析的代码形式无关。如果软件等级为A级，并且编译器、链接器或其他方法产生无法直接追溯到源代码语句的额外代码，则应执行附加验证以确定此类生成的代码序列的正确性。”还包含注释“不能追溯至源代码的额外代码”是指在源代码级别不可见的分支或具有副作用的代码，如由编译器生成的数组边界检查，对于结构覆盖分析而言不能够被看作可直接追溯到源代码的代码，应进行附加验证。

对数据耦合和控制耦合，DO－178C标准澄清，必须进行分析以确认基于需求的测试已覆盖代码组件之间的数据和控制耦合。

(8) 附件。

DO－178C标准认识到软件开发的新技术可能会导致新问题。在针对新技术，而不扩充正文的前提下，DO－178C标准认可多份与特定技术相关的附件可与DO－178C标准一起使用。DO－178C标准第12章因此而受到影响，因为附件更彻底地涉及这些具体技术。

(9) 工具鉴定(DO－178标准12.2节)

术语“开发工具”和“验证工具”被三个工具鉴定准则所取代，这些准则用于确定工具鉴定等级（tool qualification level，TQL）。在DO－178C标准中删除了工具鉴定指南，但在12.2节中引用的外部文档中提供了该指南。

工具鉴定准则为：

a. 准则1。工具的输出是机载软件一部分的工具，因此可能会引入错误。

b. 准则2。工具可自动执行验证过程，因此可能无法检测到错误。其输出减少或消除了：

- 工具以外的验证过程。
- 对机载软件可能产生影响的开发过程。

c. 准则3。在其预期用途范围内可能无法检测到错误的工具。

工具鉴定准则和工具鉴定等级如表29－2所示。

表29－2　工具鉴定准则和工具鉴定等级

软件等级	准则		
	1	2	3
A	TQL－1	TQL－4	TQL－5
B	TQL－2	TQL－4	TQL－5
C	TQL－3	TQL－5	TQL－5
D	TQL－4	TQL－5	TQL－5

3）结论

DO－178标准被设计为一种灵活、多种开发模式共存的应用模式，只要这些开发模式是可证明的、确定的，而这种灵活性会引起一些疑惑，DO－178C标准及其附件降低了这种疑惑程度。合格审定的申请人可灵活建立使用DO－178标准的方法，但此方法必须获得审定机构的批准。最好有一位独立的三方专家协助方法的建立和实施，当然，务必牢记，合格审定当局对“创新”更加谨小慎微。DO－178标准包含的指南绝非平铺直叙，往往因为应用的关键等级及具体情况而时移事易、情随事迁。

多年以来，DO－178C标准一直在尽量减少软件生命周期目标所涉及活动的“主观性”。时至今日，过程定义及过程实施计划是保证表明适航符合性的关键。

总结来说，DO－178C标准的系列更改用于确保：

（1）术语一致。DO－178C标准通过文本修订，解决了“指南”（guidance）、

“指导”(guideline)、“目的”(purpose)、“最终目标”(goal)、“具体目标”(objective)、“活动”(activity)等特定术语的使用问题，以便在整个文档中这些术语应用一致。

(2) 措辞改进。DO-178C 标准在整个文档中进行了措辞改进。所有这些修改都是为了使文件更加精确，而无意更改 DO-178B 标准的初衷。

总而言之，在识别和解决软件合格审定的需求方面，除 DO-178 标准外尚无替代经验和专业知识。与审定机构密切协作，理解和体会过程的应用，并详细管理和执行计划，始终如一的生成包含预期结果的文档，这就是合格审定的必由之路。

30　综合模块化航空电子系统的认识和符合性(DO－297标准)

本章将识别和讨论综合模块化航空电子(integrated modular avionics, IMA)系统所涉及的各方面，为IMA开发人员、集成商、合格审定申请人和参与IMA系统批准及持续适航性相关人员提供指南，并概述各参与者在IMA开发和符合性认证中的作用。

1) 介绍

为减轻重量，提高可用性，诸多飞机系统正由联合式航空电子系统架构向IMA架构转化，DO－297标准为IMA系统的开发人员或参与者(包括软硬件)提供指南。本章介绍IMA的基本原理，包括提供飞机级功能的IMA平台、模块和应用。

2) 什么是IMA和DO－297标准

IMA系统的应用正迅速扩展，波及各类型飞机。IMA是共享的一组灵活、可重用、互操作的软硬件资源，集成后形成平台，向执行飞机功能的驻留应用提供经设计和验证并满足预定安全性和性能需求的服务。

DO－297《综合模块化航空电子指南及合格审定考虑》于2005年11月发布。为保证与传统联合式航空电子系统显著不同的IMA系统研制提供了具体指南，FAA已通过咨询公告AC 20－170认可了该文件。

任何给定的IMA系统均包含如下关键部分，具体如图30－1所示。

(1) 组件(component)：纳入配置管理控制的包含软硬件、数据库或其组合。组件本身不提供飞机功能。

(2) 核心软件(core software)：通过管理平台资源为应用提供运行环境的操作系统和支持软件。

(3) 模块(module)：组件的集合。

(4) IMA平台(IMA platform)：

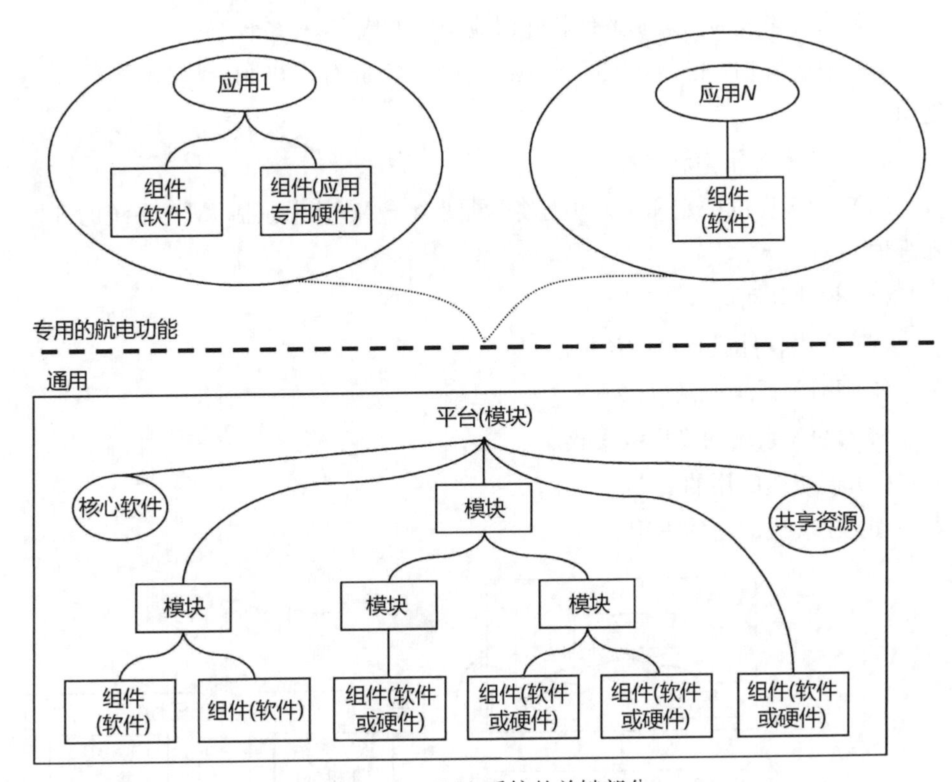

图 30-1 IMA 系统的关键部分

a. 包含核心软件在内的单个或一组模块,可管理资源以支持至少一种应用。

b. 本身不提供任何飞机功能。

c. 可独立于驻留应用单独认证。

(5) 应用(application):软件和/或有定义接口的专用硬件,当这些软硬件与某个平台综合后能够完成一种功能。

(6) IMA 系统(IMA system):由 IMA 平台和一组定义的驻留应用组成。

3) 构建 IMA 系统的关键利益相关方

构建 IMA 系统涉及五个关键利益相关方,为实现 DO-297 标准的必要目标,每一方都有特定的角色和活动。

(1) RTOS 开发人员:实时操作系统(RTOS)、板级支持包、数据库、支持软件开发人员。

(2) 平台供应商:提供软硬件资源,包括核心软件。

(3) 应用供应商:开发和验证驻留应用。

(4) 系统集成商：集成平台和驻留应用以形成IMA系统。

(5) 审定机构：已批准的代表国家利益，负责对飞机和/或发动机认证的组织。

4) 合格审定指南和目标

DO-297标准中定义了六项任务（见图30-2），其中包括IMA系统的开发和维护。

(1) 模块认可。

(2) 应用软件或硬件的认可。

(3) IMA系统的认可。

(4) IMA系统的飞机级集成。

(5) 模块或应用的变更。

(6) 模块或应用的重用。

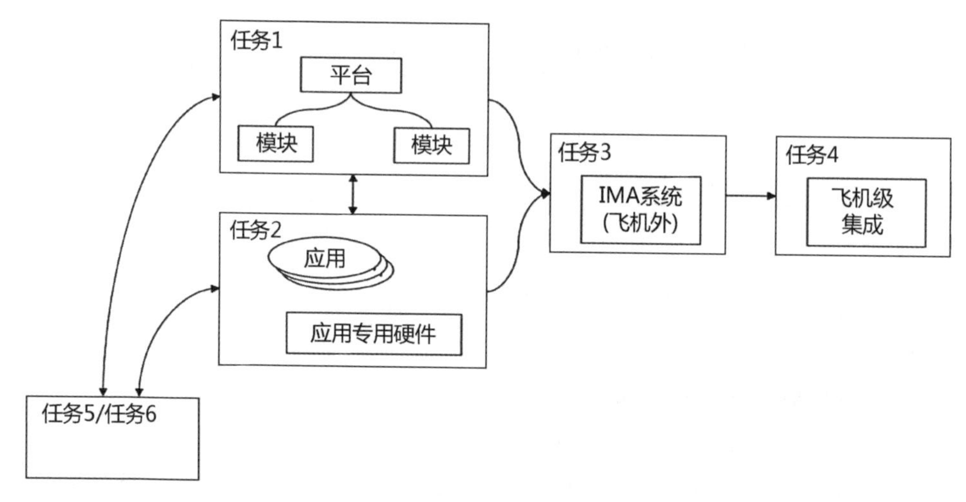

图30-2 六项任务

对各项任务具体描述如下：

(1) 任务1——模块认可。

模块是软硬件或两者的组合。平台或目标机在特定情况下也可被视为模块，模块认可需要以下材料支持：

a. 模块认可计划。

b. 模块需求规范。

c. 模块验证与确认数据、模块质量保证记录、问题报告。

d. 模块配置索引。

e. 模块认可的完成总结。

f. 模块认可的数据手册。

g. 其他数据(如安全性数据、用户指南)。

(2) 任务 2——应用认可。

应用可能是软件或硬件,应用的保证通过 DO－178 或 DO－254 标准符合性及目标得到满足实现。

(3) 任务 3——IMA 系统认可(未在飞机级集成)。

IMA 系统认可的主要目标是证明综合化的模块、驻留应用和平台能够持续的执行其预期功能,并且不会对其他应用或模块产生不利影响。

这些活动可以在飞机上或飞机外进行,对于飞机外活动,主要目标是执行可应用于整个飞机认证的验证及确认活动。对飞机外验证及确认需要获得的认证信用等级应事先与审定机构协调。飞机外认可需要以下材料支持:

a. IMA 系统合格审定计划。

b. IMA 验证及确认计划。

c. IMA 系统配置索引。

d. IMA 系统完成总结。

e. 其他数据[如验证与确认(verification and validation, V&V)记录、问题报告、QA 记录、工具鉴定数据等]。

(4) 任务 4——飞机级集成。

飞机级集成用于证明飞机和驻留应用的每个功能均如预期,支持飞机安全性目标,符合适用适航规章,还验证 IMA 系统与其他飞机系统之间的交互、接口和连接。

在任务 3 中未涉及的任何 IMA 系统活动或数据项都应作为任务 4 的一部分完成。飞机级综合的认可需要以下材料支持:

a. 飞机级 IMA 系统合格审定计划。

b. 飞机级 IMA 系统验证及确认计划。

c. 飞机级 IMA 系统配置索引。

d. 飞机级 IMA 系统完成总结。

e. 其他飞机级数据(如 V&V 记录、问题报告、QA 记录、安装说明、环境鉴定数据等)。

(5) 任务 5——模块或应用的变更。

IMA 的主要目标是尽量减少变更对 IMA 系统和飞机认证的影响。变更可能涉及对资源、模块或驻留应用的修改，包括对 IMA 系统构件的增加、删除、修复或修改。这些变更包括如下内容：

a. 针对模块和应用变更。

b. 应建议一种有序的变更管理过程。

c. 采用 IMA 系统变更影响分析流程（如软件变更影响可参见适航令 Order 8110.49）。

d. 变更管理过程由所有利益相关者制订和协调。

e. 开展变更影响分析，实施变更并记录。

f. 变更后模块或驻留应用重新集成至 IMA 系统，执行所有必要的验证、确认及集成活动（回归分析和测试）。

g. 通过配置管理控制维护与变更相关的所有生命周期数据。

(6) 任务 6——模块或应用的重用。

模块或应用认可数据的重用包括对软硬件和环境鉴定数据的重用，并鼓励预先规划的重用（包括应用领域的文档化）。

应用域是一组声明的特征，用于表明：

a. 模块符合模块需求规范中定义的功能、性能和安全要求。

b. 模块满足其可分配资源和功能的所有断言和保证。

c. 模块性能具有完全的特征，包括故障和错误处理、故障模式以及不利环境影响期间的行为。

5) 应用域分析

DO-297 标准引入了“应用域分析”的概念。应用域分析用于分析模块或应用程序是否适合重用，以确保模块或应用的重用方式与最初预期和认可的方式相同。应用域分析包括验证和确认，以保证安装后特性仍在应用域范围之内。

应用域分析包括如下内容：

(1) 模块或应用开发人员就集成商进行的后续使用、安装配置和验证确认所做的假设。

(2) 分析在后续平台、系统和安装配置中重用模块或应用的影响域。

(3) 分析后续系统对模块或应用的影响。

(4) 分析后续系统集成的接口与模块或应用的应用域及接口规范一致。

6) 附录 A

DO-297 标准定义了每个任务的目标和活动。与 DO-178 和 DO-254 标准类似，附录 A 定义了目标、生命周期数据和控制类别。

(1) 表 A-1：IMA 模块/平台开发过程(任务 1)目标。

(2) 表 A-2：驻留应用开发和认可(任务 2)目标。

(3) 表 A-3：IMA 系统级开发和认可(任务 3)目标。

(4) 表 A-4：飞机级集成(任务 4)目标。

(5) 表 A-5：模块或应用的变更(任务 5)目标。

(6) 表 A-6：模块或应用重用(任务 6)目标。

7) 鲁棒分区

鲁棒分区的设计无法一言蔽之，必须考虑整个系统、平台和架构，必须考虑所有组件及其接口，必须考虑一些关键的安全注意事项，如识别故障传播路径、软硬件设计错误、硬件故障和配置错误。此外，还应考虑共因故障模式，包括共享资源和缓存管理。对任何失效的防护必须确定防止故障传播的多种方法，以及限制故障影响的边界。

鲁棒性分析需要在多个级别、分区内进行处理，并表明应用如何针对任何给定分区进行自恢复、模块重启、关闭及停止非协作分区。

8) 集成

IMA 系统中需要考虑多个级别的集成。平台集成需要核心软件、基础软件和平台硬件将一个或多个应用集成在一起，IMA 系统要求在平台上集成一组定义的应用。

所有集成都会创建配置信息、考虑互操作性，包括如下内容：

(1) 平台的配置。

(2) 应用的配置。

(3) IMA 系统的配置。

9) 完整过程

DO-297 标准第 5 章罗列了与完整过程相关的讨论、活动和目标，类似于 DO-178 和 DO-254 标准，但是当涉及多个部件和应用时，情况会变得更加复杂。

这些过程包括如下内容：

(1) 安全性评估过程。

a. 在利益相关者之间划分责任。

b. 包括 FHA、PSSA、SSA、CCA 和故障模式分析(failure modes analysis, FMA)。

c. 从安全角度讨论故障管理、分区分析、运行状况监控和网络安全。

（2）研制保证。

a. 系统。

b. 软件。

c. 硬件。

d. 工具。

e. 配置数据。

f. 环境鉴定。

（3）确认。

（4）验证。

（5）配置管理。

（6）质量保证。

（7）合格审定联络，包括：

a. 定义生命周期数据（参照每个适用的任务）。

b. 定义提交给审定机构的数据（如顶层计划、配置索引、完成总结）。

10）总结

DO－297 标准对 IMA 系统提供指导和目标，以确保涉及保证和研制指南得到定义和遵循，它高度强调所有活动的综合过程，以及所有利益相关方（参与者）在研制过程中的作用和责任。

DO－297 提供如下内容：

（1）设计指南。

（2）合格审定指南。

（3）IMA 系统的保证过程。

（4）增量化认证方法。

31 软件工具鉴定概述和考虑(DO－330 标准)

本章将介绍 DO－330 标准《软件工具鉴定考虑》中罗列的主要活动，描述 DO－330 标准对行业的影响，同时还审查 DO－178C 和 DO－330 标准之间的关系。

1) 为什么增加附件和 DO－330 标准

首先必须澄清平常存在的误解，DO－330 标准不是 DO－178C 标准的附件(DO－331、DO－332、DO－333 标准等均作为 DO－178C 标准的附件)，附件用于为先进的工程技术提供指南。当应用特定的工程技术时，DO－178C/DO－278A 标准等核心标准中的目标如何映射至这些特定技术的术语和方法并非完全清晰和明确，附件通过增加、修改或删除 DO－178C/DO－278A 标准中的目标，使标准的应用更加清晰。

工具广泛用于开发、验证、配置和控制软件。工具指一个用于帮助开发、转换、测试、分析、生成或修改其他软件或其相关数据的计算机程序或程序功能部件，工具的例子如代码自动生成器、编译器、测试工具及变更管理工具等。DO－330 标准《软件工具鉴定考虑》解释了工具鉴定的过程和目标，DO－178C/DO－278A 标准 12.2 节提供了工具是否需要鉴定的准则。如果工具确实需要鉴定，那么 DO－330 标准提供了相应的指南和目标。

DO－330 标准的编制基于以下原因：

(1) 工具不同于使用工具(研发)的软件，进而形成了一个独立的领域，因此需要针对工具开发人员和工具用户提供特定于工具的指南。

(2) 工具通常由使用工具开发软件的团队以外的团队开发，这些工具开发团队通常没有软件工程背景(工程背景如 DO－178B、DO－178C 或 DO－278A 标准等)。针对工具的专用指南将有益于工具开发团队，帮助他们避免疑惑和误解。

（3）DO－330标准为机载和地面软件提供特定于工具的指南，也可以用于其他领域，如汽车、宇航、系统、电子硬件、航空数据库和安全性评估过程。

（4）装机软件或非装机软件。DO－178C标准中讨论的唯一非装机类型软件就是在开发机载软件生命周期过程中使用的工具软件。DO－178C标准（12.2）工具鉴定可用于评估工具是否需要鉴定及适用的工具鉴定等级。DO－330《软件工具鉴定考虑》定义工具鉴定过程和所需的工具鉴定数据。

2）DO－178B标准至DO－178C标准的不变项

在DO－178B标准的最后修订中，有关工具鉴定的目的保持不变："当使用工具消除、减少或自动化RTCA/DO－178标准中描述的设计保证过程，而工具输出未经过RTCA/DO－178标准第6章验证过程的验证，则需要对该工具进行工具鉴定。"

（1）工具鉴定要求与DO－178B标准基本相同。

a. 工具鉴定过程的目的是确保工具提供与其消除、减少或自动化的流程相等同的置信度。

b. 工具错误对系统安全产生不利影响的风险越高，工具鉴定所需的严格性越高（A级、B级或C级）。

（2）确定是否需要工具鉴定的准则与DO－178B标准保持一致。

"……当DO－178标准要求的过程通过使用软件工具而消除、减少或自动化，工具输出未按照要求实施验证时……"

切记，合格审定申请人可以建议使用DO－330标准作为DO－178B标准项目的工具鉴定的符合性替代方法。

3）DO－178B标准至DO－178C标准之间的更改项

DO－178C和DO－330标准认识到，在处理工具时需要：

（1）认识到工具不是机载软件。

（2）开发和验证对某些特定类型工具的使用仍然不够充分。

（3）未讨论工具角色和重用问题——需要确定工具用户、工具开发人员和安装包制作人员。

术语"开发工具"和"验证工具"被三个工具鉴定准则所取代，这些准则用于确定适用的工具鉴定等级（TQL）。在DO－178C标准中删除了工具鉴定指南，但在12.2节中提供对DO－330标准的索引。

工具鉴定准则是：

（1）准则1。输出是机载软件的一部分，可能在机载软件中引入错误的工具。

(2) 准则2。自动执行验证过程,因此可能无法检测到错误,其输出用于证明消除或减少。

a. 工具自动化过程以外的验证过程。

b. 对机载软件有影响的开发过程。

(3) 准则3。在预期用途范围内可能无法检测到错误的工具。

此外,还引入了对应工具鉴定准则的工具鉴定等级,如表31-1所示。

表31-1 对应工具鉴定准则的工具鉴定等级

软件等级	准则		
	1	2	3
A	TQL-1	TQL-4	TQL-5
B	TQL-2	TQL-4	TQL-5
C	TQL-3	TQL-5	TQL-5
D	TQL-4	TQL-5	TQL-5

4) 什么是工具鉴定分类

DO-178C 和 DO-330 标准通过添加以下工具分类解决欠缺的工具"类别":

(1) 准则1。一种工具,其输出是机载软件的一部分,因此可能会引入错误(过去称为"开发工具")。

(2) 准则2。一种工具,可自动执行验证过程,从而可能无法检测到错误,其输出用于证明消除或减少(工具验证的扩充)。

a. 工具自动化过程以外的验证过程。

b. 对机载软件有影响的开发过程。

(3) 准则3。在其预期用途范围内可能无法检测到错误的工具(过去称为"验证工具")。

5) 工具鉴定等级

工具鉴定等级(TQL)取决于工具的应用方式及其对软件生命周期过程的潜在影响。随着工具对软件生命周期过程潜在影响的增加,工具鉴定等级会因对系统安全的潜在影响而增加。工具鉴定等级依据对工具在DO-178C、DO-278A等标准所定义的软件生命周期过程中用况评确定。

工具鉴定严格程度因鉴定等级而异。TQL-1是最严格的等级,需要严格定义并执行工具开发、验证和综合过程，需要最高等级的验证独立性要求（类似于DO－178C标准中的A级软件），其他鉴定等级会降低严格性。TQL－5是最低的鉴定等级，DO－330标准附录A定义了每个TQL适用的目标。

6）DO－330标准目标和附录A

与DO－178C标准类似，DO－330标准定义了工具鉴定的目标。目标基于工具鉴定等级，并区分了工具开发人员和工具用户的目标。

使用DO－330标准进行工具鉴定所涉及的每份文档都需要明确工具鉴定等级如何确定，并且必须基于五个工具鉴定等级。

7）工具开发人员和工具用户

DO－178B标准没有区分工具开发人员和工具用户，而DO－330标准对此进行了严格区分。工具开发人员负责开发、验证、记录和产生工具，而工具用户负责选择、使用和鉴定工具，并满足工具的安装和操作目标。

因此，DO－330标准引入了“利益相关方”的概念，定义典型的用户、开发人员和其他人员，如工具集成商、工具验证人员等。

工具鉴定的目标是共享，但是工具开发人员通常仅描述工具开发、验证和综合过程，并描述工具开发如何满足工具操作需求（tool operational requirement，TOR）中表达的用户需求。

工具用户有两种不同的活动：第一，用户必须确定如何在软件开发中使用该工具，并定义工具操作需求；第二，用户还识别工具鉴定等级，并针对工具操作需求集成和验证该工具。

当开发人员根据特定工具鉴定级别确定计划、开发及验证工具时，开发人员还可以集成该工具，并管理和维护该工具的配置管理。

8）工具鉴定标准内容

工具鉴定的主要目的是确认工具符合其需求，并符合已定义的软件生命周期，因此DO－330标准编制的整体内容似于DO－178标准，章节如下：

1. 介绍
2. 工具鉴定的目的
3. 工具鉴定的特性
4. 工具鉴定计划过程
5. 工具开发过程
6. 工具验证过程
7. 工具配置管理

8. 工具质量保证

9. 工具合格审定联络

10. 工具鉴定数据

11. 附加考虑

附录 A　工具鉴定目标表 T－0 到 T－10

9) 工具鉴定评估

工具鉴定评估软件生命周期过程中使用的工具，并表明每个工具的预期用途。此外，需定义工具鉴定的需要，确定每个工具的工具鉴定级别。

作为评估的一部分，应确定工具鉴定利益相关方及其角色和责任，并描述工具操作环境，所有这些问题都应在软件合格审定计划(PSAC)的附加考虑一节中描述。

10) 工具操作需求

TOR 确定了如何在软件生命周期过程和工具操作环境中使用该工具，并应提供足够的详细信息支持对工具能力的验证，以证明工具获得对过程自动化、消除或减少流程的置信度。

11) 工具鉴定计划

与 DO－178C 标准中的软件计划过程非常相似。输出包括：

(1) 工具鉴定计划(tool qualification plan, TQP)。

(2) 工具开发计划。

(3) 工具验证计划。

(4) 工具配置管理计划。

(5) 工具质量保证计划。

(6) 工具开发标准。

以上问题都应在 PSAC 的附加考虑一节中描述。

DO－330 标准第 10 章详细介绍了工具计划过程的输出，此外计划活动因工具鉴定级别的不同而异。

12) 工具鉴定开发和集成

工具开发和集成的关键是确保工具需求定义工具实际所需的功能和特性，需求应到达一定的详细程度，以确保开发的正确实施，应实现需求与工具操作需求及派生需求的追溯。

工具可执行目标码应安装至工具操作环境中。工具操作集成过程的目的是在工具操作需求明确的工具操作环境中安装工具可执行目标码，表明工具由使用人员在工具操作环境中按照预期使用，结果应记录在工具安装报告中。

13）工具鉴定合格审定联络

与软件开发生命周期一样，合格审定联络是工具鉴定过程的一部分，合格审定联络可由工具用户单独执行（工具开发人员无须参与，当然也可参与），这适用于所有的工具鉴定等级。

工具的合格审定联络与DO－178B标准的要求没有实质的区别，包括如下内容：

（1）与审定机构建立沟通联系。

（2）就符合性方法达成一致。

（3）提供符合性证据。

（4）识别和分析任何已知工具问题对工具操作需求的影响。

14）外部组件

外部组件仅适用于A/B级别准则1工具（TQL－1和TQL－2）。DO－330标准解释了外部组件是工具软件的组件，且超出工具开发人员的控制范围，如操作系统或编译器运行时库提供的原始函数，或由商用软件或开源软件库提供的函数等。

外部组件的目标包括正确和完整定义外部组件接口，并分析基于需求的软件测试已覆盖外部接口所有的功能。

15）总结

工具开发遵循与DO－178C标准非常相似的过程，包括计划，其中TQL－1至TQL－4均需要计划数据。

（1）TQL－1类似于A级软件。

（2）TQL－4与D级软件类似。

（3）对于TQL－5，计划可由工具用户完成。

（4）TQL－1到TQL－3需要工具开发标准（需求、设计、编码）。

对于所有的工具鉴定等级，需要基于需求的测试覆盖工具操作需求，对TQL－1至TQL－4，测试必须考虑鲁棒性要求。

结构覆盖测试因TQL而异：

（1）语句覆盖（TQL－1到TQL－3）。

（2）判定覆盖（TQL－1和TQL－2）。

（3）MC/DC覆盖（TQL－1）。

TQL－1到TQL－3需要数据和控制耦合分析。

所有TQL都需要工具操作需求(TOR)。

工具可执行目标码应显示安装于工具操作环境中,工具安装应遵循所提供的说明,任何不充分或不正确的说明需要与工具开发人员协商解决,并生成报告。这是对所有工具鉴定等级的基本要求。

16）结论

DO－330标准阐明了工具鉴定的目标,并消除了DO－178B标准中的灰色区域,为工具提供了特定指南。DO－330标准认识到工具是一个单独的领域,可应用于机载软件和其他领域。三个准则和五个工具鉴定等级取代了DO－178B标准“开发”和“验证”工具等术语,对工具开发的目标分布于TQL－1至TQL－4(DO－178B标准开发工具),而无需TQL－5(DO－178B标准验证工具)执行额外任务。此外,还增加了工具操作过程的目标,因此可能需要些额外的工作和工具安装包制作。

总体而言,经验和专业知识在软件合格审定方面无可替代,与审定机构密切协调,了解和体验过程的应用,详细管理和执行计划,始终产生预期的输出结果,这就是合格审定走向成功的康庄大道。

缩 略 语

AAT	airworthiness approval tag	适航批准标签
AC	advisory circular	咨询通告
ACO	aircraft certification office	飞机合格审定办公室
ASIC	application specific integrated circuit	专用集成电路
ATC	amended type certificate	更改型号合格证
BIT	built-in test	机内自检
BSP	board support package	板级支持包
CAAC	Civil Aviation Administration of China	中国民用航空局
CAST	Certification Authorities Software Team	认证机构软件小组
CCA	common cause analysis	共因分析
CDR	critical design review	关键设计评审
CEH	complex electronic hardware	复杂电子硬件
CM	configuration management	配置管理
CMM	capability maturity model	能力成熟度模型
CMMI	capability maturity model integration	能力成熟度模型集成
COTS	commercial off the shelf	商用货架产品
CPLD	complex programmable logic device	复杂可编程逻辑器件
CPU	central processing unit	中央处理器
CRC	cyclical redundancy check	循环冗余校验
CSC	computer software component	计算机软件部件
CSCI	computer software configuration item	计算机软件配置项
CSU	computer software unit	计算机软件单元
CTSOA	certificate technical standard order approval	技术标准规定项目批准书

DAL	development assurance level	研制保证等级
DER	designated engineering representative	委任工程代表
DoD	United States Department of Defense	美国国防部
DSP	digital signal processor	数字信号处理器
EGPWS	enhanced ground proximity warning system	增强型近地警告系统
EUROCAE	European Organization for Civil Aviation Equipment	欧洲民用航空设备组织
FAA	Federal Aviation Administration	美国联邦航空管理局
FAR	federal aviation regulation	联邦航空条例
FDA	Food and Drug Administration	美国食品药品监督管理局
FFP	functional failure path	功能失效路径
FFPA	functional failure path analysis	功能失效路径分析
FHA	functional hazard assessment	功能危害性评估
FMA	failure modes analysis	故障模式分析
FMEA	failure mode and effects analysis	失效模式及影响分析
FMES	failure modes and effects summary	失效模式及影响摘要
FPGA	field programmable gate array	现场可编程门阵列
FTA	fault tree analysis	故障树分析
GAL	generic array logic	通用阵列逻辑
GPWS	ground proximity warning system	近地警告系统
HAS	hardware accomplishment summary	硬件完成总结
HAZ	hazard	危险的
HDL	hardware description language	硬件描述语言
HVP	hardware verification plan	硬件验证计划
I/O	input/output	输入/输出
IMA	integrated modular avionics	综合模块化航空电子
LOC	line of code	代码行
LRU	line replaceable unit	现场可更换单元
MAJ	major	重大的
MC/DC	modified condition/decision coverage	修正的条件/判定覆盖

MDA	modification design approval	改装设计批准书
MMU	memory management unit	内存管理单元
MVDS	multiple version dissimilar software	多版本非相似软件
OCA	object code analysis	目标码分析
PAL	programmable array logic	可编程阵列逻辑
PC	production certificate	生产许可证
PDL	program description language	程序描述语言
PDR	preliminary design review	初步设计评审
PDS	previously developed software	先前开发软件
PHAC	plan for hardware aspects of certification	硬件合格审定计划
PLD	programmable logic device	可编程逻辑器件
PMA	parts manufacture approval	零部件制造人批准书
PSAC	plan for software aspects of certification	软件合格审定计划
PSSA	preliminary system safety assessment	初步系统安全性评估
QA	quality assurance	质量保证
RAM	random access memory	随机存储器
RTCA	Radio Technical Commission for Aeronautics	航空无线电技术委员会
RTOS	real-time operating system	实时操作系统
SAS	software accomplishment summary	软件完成总结
SCI	software configuration index	软件配置索引
SCM	software configuration management	软件配置管理
SCMP	software configuration management plan	软件配置管理计划
SECI	software environment configuration index	软件环境配置索引
SEI	Software Engineering Institute	软件工程研究所
SFP	special flight permit	特许飞行证
SOI	stage of involvement	介入阶段
SQA	software quality assurance	软件质量保证
SQAP	software quality assurance plan	软件质量保证计划
SSA	system safety assessment	系统安全性评估
STC	supplemental type certificate	补充型号合格证

SVD	software version description	软件版本说明
SWDP	software development plan	软件开发计划
SWVP	software verification plan	软件验证计划
TC	type certificate	型号合格证
TCAS	traffic collision avoidance system	空中交通防撞系统
TOR	tool operational requirement	工具操作需求
TQL	tool qualification level	工具鉴定等级
TQP	tool qualification plan	工具鉴定计划
TSO	technical standard order	技术标准规定
TSOA	technical standard order authorization	技术标准规定批准书
UML	unified modeling language	统一建模语言
VAC	validation of foreign airworthiness certificate	外国适航证认可书
VDA	validation of design approval	零部件设计批准认可证
VDD	version description document	版本说明文件
VHDL	VHSIC hardware description language	超高速集成电路硬件描述语言
VSTC	validation of supplement type certificate	补充型号认可证
VTC	validation of type certificate	型号认可证

索　　引

E

F

G

H

J

K

L

M

N

O

P

Q

R

S

T

W